InDesign CC
版式创意设计基础教程

钟星翔 康远英 郝金亭 编著

U0226071

电子工业出版社·
Publishing House of Electronics Industry
北京·BEIJING

内 容 简 介

本书以实例方式详细介绍 InDesign CC 的基础知识、操作方法与应用技巧。全书共 10 章，内容包括 InDesign CC 基础知识、文字的基础应用、文字的高级应用、图形对象绘制与应用、图像和框架、颜色管理、页面设置、表格、数字出版及打印与输出。每章最后都安排了一个综合案例，综合运用该章知识点，并结合实际工作流程，以锻炼读者动手能力。

本书可作为高等院校数字媒体、产品设计、平面设计、印刷与包装等专业版式设计课程的教材，也可供对 InDesign 感兴趣的人员参考阅读。

图书在版编目（CIP）数据

InDesign CC 版式创意设计基础教程 / 钟星翔，康远英，郝金亭编著 . —北京：电子工业出版社，2019.10
ISBN 978-7-121-37173-8

Ⅰ . ① I… Ⅱ . ①钟… ②康… ③郝… Ⅲ . ①电子排版 – 应用软件 – 教材 Ⅳ . ① TS803.23

中国版本图书馆 CIP 数据核字（2019）第 158459 号

责任编辑：章海涛
文字编辑：张　鑫
印　　刷：北京捷迅佳彩印刷有限公司
装　　订：北京捷迅佳彩印刷有限公司
出版发行：电子工业出版社
　　　　　北京市海淀区万寿路 173 信箱　　邮编：100036
开　　本：787×1092　1/16　印张：18.75　字数：480 千字
版　　次：2019 年 10 月第 1 版
印　　次：2025 年 1 月第 5 次印刷
定　　价：56.00 元

凡所购买电子工业出版社图书有缺损问题，请向购买书店调换。若书店售缺，请与本社发行部联系，联系及邮购电话：（010）88254888，88258888。
质量投诉请发邮件至 zlts@phei.com.cn，盗版侵权举报请发邮件至 dbqq@phei.com.cn。
本书咨询联系方式：192910558（QQ 群）

作为Adobe公司平面设计三剑客中的一员，InDesign是目前使用较为普遍的图文设计与排版软件之一。InDesign作为PageMaker的继承者，定位于高端用户。由于其内核的局限，PageMaker在开发到7.0版本后不再更新，InDesign应声而出，最初主要适用于图书、杂志等出版物及海报和其他印刷媒体。随着互联网与多媒体的崛起，InDesign顺势升级，融入了更完善的新媒体设计与制作功能，以满足市场的需求。

如今，InDesign已发展到CC版本，广泛应用于印刷、广告、传媒、互联网等行业。在实际工作中，InDesign可以帮助设计师完成制作精美的印刷品、广告宣传页、包装盒、电子书、网店页面和App页面等。

同为兄弟软件的Photoshop和Illustrator，在图像处理与图形设计领域具有独到优势，这就使学习InDesign变得更为简单，因为这三款软件有相同的"思维方式"，如有相似的界面、大多数相同的快捷键等。更为重要的是，InDesign与 Photoshop、Illustrator之间文件可以无缝对接，减少了出错率，极大地提高了工作效率。因此，设计师只要熟悉Photoshop或Illustrator，学习InDesign会是一件简单又惬意的事情。

虽然InDesign是一款优秀的图文设计与排版软件，但是不能期待使用一款软件就可以完美地做好所有的工作，正如我们不能期待Photoshop能"搞定"所有的事一样。因此为了更高效地工作，在实际工作中，InDesign需要Photoshop或Illustrator的配合，同时还能接收Word软件的文档。例如，在Photoshop中处理好的图像（如图像的合成、调色等），在Illustrator中绘制好的图形（如企业LOGO等），都可以方便地导入InDesign中再完成图文的组合、排版、设计工作；然后，InDesign又可以灵活地导出多种格式以适应不同的媒体传播，如导出印刷质量的PDF文件供印刷使用；导出交互式PDF的电子书供电子书终端使用；导出FLA、SWF文件供网页使用；导出PNG图像供其他软件或终端使用。

InDesign尤其擅长多页面、长文本的版面设计，可以任意添加页面数（页面数范围限定在1～9999），任意添加不同版面尺寸的页面，而且通过版心设置来规范产品的出版要求；自动添加页码；通过链接方式来管理外部导入的图像，以减小产品的文档体积，还可以重新编辑这些图像。InDesign还可以接收使用Photoshop制作的PSD、TIF、PNG等格式的文档，也可以接收使用Illustrator制作的EPS、AI矢量格式的文档；还提供了一些简单的图像处理和图形绘制功能；其文字编辑功能也非常强大，如通过建立样式来统一设置文字属性，以摆脱重复性的操作，在减少工作量的同时，使产品更规范。另外，InDesign的表格功能十分人性化，既可以接收Word、Excel制作的文档，也可以在页面中直接绘制和编辑。上述这些专业、实用的功能仅仅是"冰山一角"，请跟随本书，我们一同去感受InDesign带来的高效、便捷吧！

本书定位于初级读者，采用软件知识点与案例相结合的方式编写，每章最后都配有一个综合案例，并且每个案例都来源于真实的工作岗位，这些案例覆盖了工作中常见的设计产品，如卡片、电商详情页主图、喷绘作品、图书封面、纸巾包装、刊物内页、台历、多媒体餐厅菜单等。本书在介绍软件基本功能的同时，还对行业与产品的一般设计规范与要求进行了描述，能够带领读者迅速进入实际工作环境中，掌握软件使用方法与技巧。

本书由钟星翔、康远英、郝金亭、杨克卿共同编写完成。其中，钟星翔编写了第1、4、5章，康远英编写了第2、3、6章，郝金亭编写了第7、8、10章，杨克卿编写了第9章并审阅了全部书稿。

本书可作为高等院校数字媒体、产品设计、平面设计、印刷与包装等专业版式设计课程的教材，也可供对InDesign感兴趣的人员参考阅读。

为了方便教师教学和学生使用，本书配备了教学资源，包括案例素材与电子课件等，可从华信教育资源网（http://www.hxedu.com.cn）下载。

由于作者水平有限，加之编写时间仓促，书中难免出现错误与不足之处，欢迎读者批评指正。

编者

2019年6月

目录 CONTENTS

第3章 文字的高级应用 067

第4章 图形对象绘制与应用 095

第5章 图像和框架 121

第6章 颜色管理 147

第7章 页面设置 171

第 **1** 章

InDesign CC 基础知识

　　InDesign 是功能强大的专业排版设计和制作软件，广泛应用于印刷、印前设计制作领域。近几年，随着网络与社交电商的飞速发展，InDesign 逐渐被设计师们青睐，应用在这些领域，如设计美团商户相册、淘宝详情页、H5等。InDesign专业性表现在可以精确、方便地控制参考线、图形图像和文字的属性；可以与图形图像处理软件（Photoshop与Illustrator）无缝集成；可以最大程度地兼容后期的出片印刷环节；可以输出多种格式以符合不同领域的要求等。

　　本章主要介绍InDesign CC的基本界面布局、各个不同功能的调板、基本的页面操作等。

1.1　InDesign CC 概述

InDesign CC是Adobe公司推出的一款优秀的设计排版软件，它广泛应用于期刊、画册、海报、包装盒等印刷媒体和电商宣传的排版设计。

InDesign CC可以将文档直接导出为PDF格式的文件，而且支持多语言。它是第一个支持Unicode文本处理的主流桌面出版应用软件，率先使用新型OpenType字体，具有高级透明性能、图层样式、自定义裁切等功能。InDesign与Illustrator、Photoshop等软件可以完美结合，并且这三款软件的界面具有一致性等特点，因此受到了用户的青睐。

1.2　InDesign CC 工作环境

1.2.1　基本界面

执行【开始】>【程序】>【Adobe InDesign CC】命令，打开InDesign CC软件。InDesign CC可自定义界面，以符合用户的工作习惯。下面介绍InDesign CC的工作环境，了解如何调整界面，以便能调用工具、调板来完成设计工作，如图1-1所示。

图 1-1

1. 标题栏

标题栏左侧的3个按钮是页面控制按钮。从左到右依次是：【关闭】，可以关闭当前打开的所有文档；【最小化】，可以将整个工作区缩小放置到电脑桌面下方；【最大化/还原】，可以将当前工作区最大化或者还原。接着是【Br】和【St】图标，单击之后可分别跳转到Bridge软件和Stock网页；【缩放比例】可以设置当前页面的缩放比例；【视图选项】用于控制页面显示的辅助内容，如参考线等；【屏幕模式】用于控制页面以何种模式来显示；【排列文档】用于控制工作区的所有文档以何种方式排列；【工作区】可以设置工作区各类调板的摆放方式；【搜索栏】用于查询帮助，在此输入关键字即可跳转到帮助进行查找，如图1-2所示。

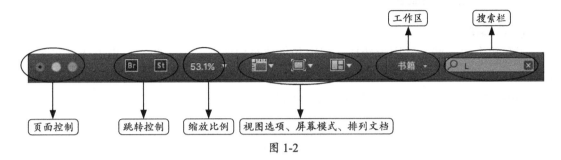

图 1-2

2. 菜单栏

菜单栏包括InDesign CC、文件、编辑、版面、文字、对象、表、视图、窗口和帮助10个菜单，提供了各种处理命令，可以进行文件管理、编辑图形、调整视图等操作，如图1-3所示。

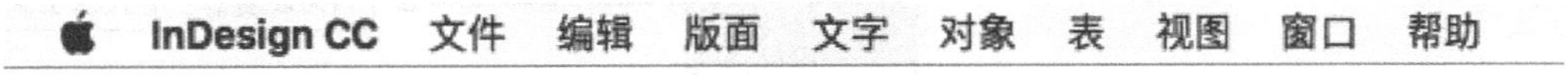

InDesign CC　文件　编辑　版面　文字　对象　表　视图　窗口　帮助

图 1-3

3. 文档编辑窗口

新建或打开的文件都会在此窗口中显示，图文的编辑、整合、排版等操作在此窗口的页面中完成。在文档页面中排版的内容、项目将被输出或者印刷出来；空白区可以临时存放一些图文内容，该区域的所有对象不会被输出或者印刷出来，如图1-4所示。

图 1-4

4. 状态栏

状态栏可以随时显示编辑文档过程中文件的正确或错误的状态。在显示器中可以看到，当文件没有错误时，状态栏的"印前检查"呈绿色状态；当文件出现错误时，状态栏的"印前检查"呈红色状态，如图1-5所示。

图 1-5

1.2.2 工具箱与控制栏

1. 工具箱

工具箱中的一些工具用于选择、编辑和创建页面元素，另一些工具用于选择文字、形状、线条和渐变。默认情况下，工具箱中的工具为双排显示，单击工具箱顶部的双箭头 ，可以切换为单排。工具箱中的工具说明如图1-6所示。

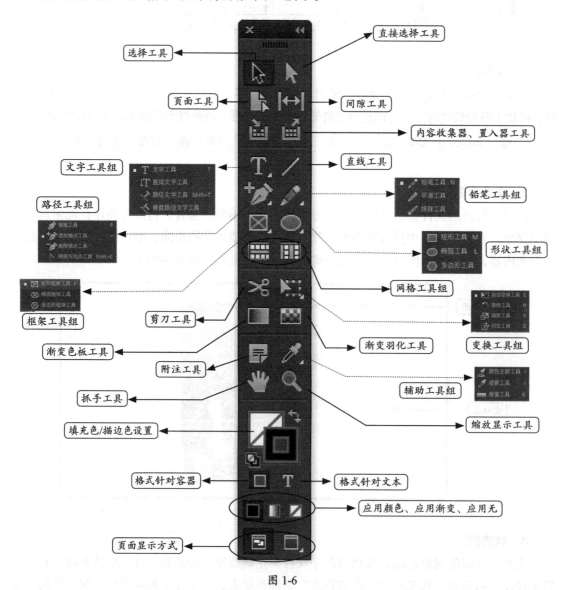

图 1-6

选择工具：用于选择对象，如参考线、框架等；随后可对该对象进行移动、编辑等操作。使用【选择工具】选择对象有两种操作方式：一种是单击选择，在对象上单击鼠标左键即可选择该对象，该操作可选择单个对象，如需选中多个对象，可按住【Shift】键的同时逐一单击需要选择的对象，如图1-7所示；另一种是框选选择，在页面上的空白处按住鼠标左键，拖曳鼠标，光标扫中的对象都将被选择，如图1-8所示。参考线也可以使用这两种方式选择，但是当框选时扫中了对象，参考线将不会被选中。

图 1-7   图 1-8

> **ⓘ 提示**
>
> 　　如果有两个对象叠放在一起，可以按住【Command】（Ctrl）键注并单击鼠标左键，即可选中下方对象。

直接选择工具：可以选择路径、图形或框架上的锚点。选择方式与【选择工具】一样，可单击选择，也可以框选选择，如图1-9所示。

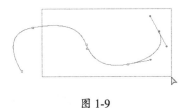

图 1-9

页面工具：可以在同一个文档中，创建多种不同大小的页面，如图1-10所示。

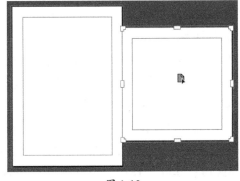

图 1-10

———————————

注：本书行文使用的快捷键为Mac OS操作系统下的按键，圆括号内为Windows操作系统下的按键，在此统一说明。

间隙工具：可以调整对象之间的间距或对象到页面边框的距离。

内容收集器、置入器工具：用内容收集器收集页面项目，然后使用置入器置入页面中。

文字工具组：包含文字工具、直排文字工具和路径文字工具等；分别可以创建横排文本、直排文本，在路径上创建和编辑文字。

直线工具：可以绘制直线段。

路径工具组：包含钢笔工具、添加锚点工具、删除锚点工具和转换方向点工具；分别可以绘制直线和曲线路径，将锚点添加到路径，从路径中删除锚点，转换角点和平滑点。

铅笔工具组：包含铅笔工具、平滑工具和抹除工具；分别可以通过手绘方式绘制任意形状的路径，从路径中删除多余的角，删除路径上的点。

框架工具组：包含矩形框架工具、椭圆框架工具和多边形框架工具；分别可以创建正方形或矩形框架，创建圆形或椭圆形框架，创建多边形框架。

形状工具组：包含矩形工具、椭圆工具和多边形工具；分别可以绘制方形、圆形、多边形图形。

网格工具组：包含水平网格工具、垂直网格工具；分别可绘制水平网格的框架、垂直网格的框架。

剪刀工具：可以在指定点剪开路径，包含开放路径和闭合路径。

变换工具组：包含自由变换工具、旋转工具、缩放显示工具和切变工具；分别可以旋转、缩放或切换对象，围绕一个固定点旋转对象，围绕一个固定点调整对象大小，围绕一个固定点倾斜对象。

渐变色板工具：可以调整对象中的起点、终点和渐变角度。

渐变羽化工具：可以将对象渐隐到背景中。

辅助工具组：包含颜色主题工具、吸管工具和度量工具，分别可以吸取某个对象的颜色并将该对象的所有颜色存储到色板中；吸取对象的颜色或文字属性，然后将其应用于其他对象；测量两点之间的距离。

抓手工具：可以在文档窗口中移动页面视图。

缩放显示工具：可以缩小或放大文档窗口中的视图比例。

附注工具：可以对文本添加注释。

填充色/描边色设置：可以设置对象的填充色和描边色，单击⇄按钮可以切换填充色和描边色的激活状态，上显为激活；单击▣按钮可以设置对象的填充色和描边色为默认。

格式针对容器和格式针对文本：分别用于控制当前选中的文本框或文本。

应用颜色、应用渐变、应用无：可设置对象填充色为颜色、渐变或无色。

页面显示方式：用于控制页面显示方式，如正常显示可以显示完整的页面工作区，包含页面、出血位、页面外区域；实际工作中，设计师也常常通过按【W】快捷键，来切换显示方式，隐藏辅助线等不被输出印刷的内容，这样可以更直观地查看页面，如图1-11所示。

图 1-11

在默认工具箱中单击某个工具，可以将其选中，如图1-12所示。将光标停留在一个工具上，会显示该工具的名称和快捷键，如图1-13所示。可使用其显示的快捷键选择相应的工具，这样可以避免光标来回移动，提高工作效率。工具箱中还包含几个与可见工具相关的隐藏工具。工具图标右侧的箭头表示此工具下有隐藏工具。单击并按住工具箱内的当前工具，然后选择需要的工具，即可选定隐藏工具，如图1-14所示。

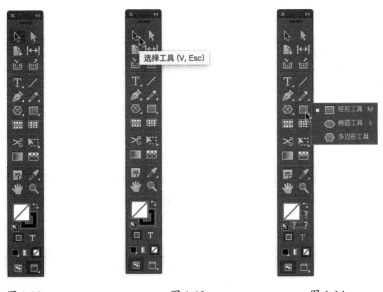

图 1-12　　　　　　　　　图 1-13　　　　　　　　　图 1-14

2. 控制栏

控制栏会随着选择不同的工具而显示不同的选项，这些选项与控制选择对象调板中的项目完全相同，进行相应设置可以节省时间、提高工作效率，如图1-15所示。

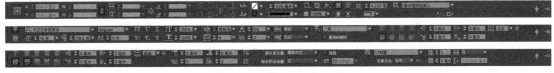

图 1-15

1.2.3 调板和泊槽

InDesign调板主要用于管理页面、编辑图像、设置文字及设定颜色，也是设置工具参数与选项的控制框。

InDesign调板的使用与Adobe其他软件如Photoshop和Illustrator相似。InDesign在视图的右边有一个"泊槽"，可以组织和存放调板，在泊槽中单击调板的 按钮，可弹出该调板，如图1-16所示；单击弹出调板的 按钮，调板收回。或在【窗口】菜单中选择对应的调板名称，如图1-17所示，也可以激活调板。在泊槽中拖曳调板的标签可以分离、组合和连接调板。

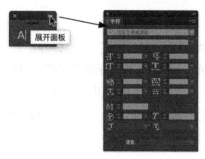
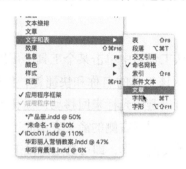

图 1-16   图 1-17

1.2.4 自定义工作环境

InDesign CC可以根据自己的工作习惯对工作环境进行设置，并且可以将设置好的工作环境进行存储。设置工作环境时，可以自定义工具箱、调板和快捷键，也可以对工作区存储或删除。

1. 自定义工具箱

将光标放置在工具箱的顶部并将其拖曳到工作区域，此时，可以将工具箱从停放窗口脱离，使其处于浮动状态，如图1-18所示；单击工具箱顶部的 按钮可以更改工具箱的外观，如图1-19所示。

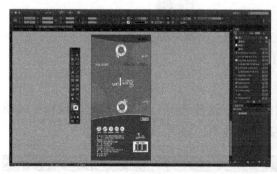
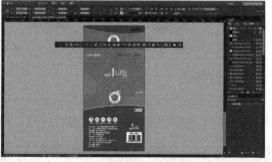

图 1-18   图 1-19

要使工具箱恢复原样，可按住鼠标左键拖曳工具箱到界面的最左侧，如图1-20所示，松开鼠标左键，即可将工具箱放回默认的位置，如图1-21所示。

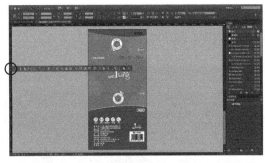
图 1-20

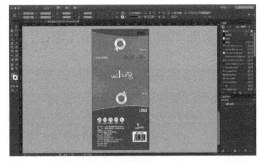
图 1-21

2. 自定义调板

在调板的顶部单击 按钮，可将泊槽中的调板全部转为打开状态，如图1-22所示。若要关闭调板，单击调板顶部的 按钮即可。

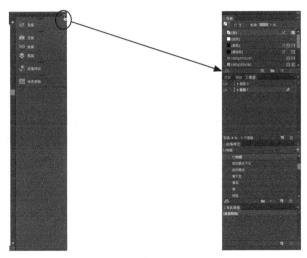
图 1-22

3. 自定义快捷键

执行【编辑】>【键盘快捷键】命令，弹出【键盘快捷键】对话框，单击【新建集】按钮，弹出【新建集】对话框，设置名称如图1-23所示。

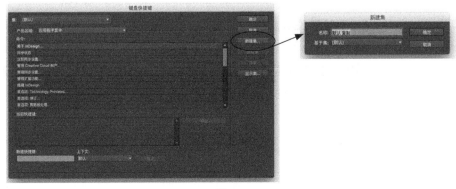
图 1-23

打开【产品区域】下拉菜单，在其中选择需要改变的选项，然后在【新建快捷键】中按下需要重新定义的快捷键，单击【确定】按钮即可，如图1-24所示。

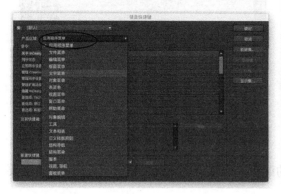

图 1-24

> **ⓘ 提示**
>
> 如无特殊的喜好或需求，尽量使用软件默认的快捷键。

4. 存储工作区

设置好工作环境后，可以存储新的工作区，执行【窗口】>【工作区】>【新建工作区】命令，弹出【新建工作区】对话框，在对话框中设置名称，如图1-25所示。单击【确定】按钮，即可将该工作区存储，需要使用该工作区时，在【窗口】>【工作区】子菜单中选择存储的工作区即可，如图1-26所示。

图 1-25　　　　　　　　　　　　　　　　　图 1-26

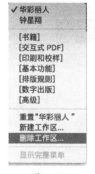

5. 删除工作区

执行【窗口】>【工作区】>【删除工作区】命令，如图1-27所示，弹出【删除工作区】对话框，在【名称】下拉列表中选择需要删除的工作区，单击【删除】按钮，如图1-28所示，即可删除该工作区。

图 1-27　　　　　　　　　　　图 1-28

1.3 辅助工具

InDesign CC的辅助功能有标尺、参考线和网格。

1.3.1 标尺

标尺的默认度量单位是毫米（mm），用来对移动参考线、文本框等起辅助定位作用。标尺以页面或跨页的左上角为【零点】位置，从该【零点】位置开始度量，如图1-29所示，按【Command+R】（Ctrl+R）组合键可以显示或隐藏标尺。

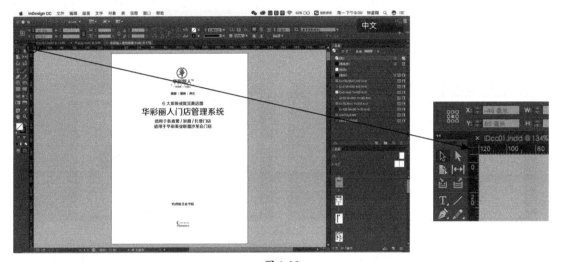

图 1-29

标尺的【零点】位置可以根据需要进行调整，在标尺左上角▉位置按住鼠标左键，拖曳到合适的位置松开，当前位置即被设置为【零点】；如需将【零点】位置恢复默认，则双击标尺左上角▉位置即可。

1.3.2 参考线

参考线在设计时起辅助作用，通过参考线可以精确地标记图像和文字放置的位置，其用途在于帮助定位，参考线不会被输出到文件中，因此也不会被印刷出来。

1. 创建参考线

（1）创建页面参考线。创建页面参考线时，将光标放在水平或垂直标尺内侧按住鼠标左键，然后拖曳到页面中需放置对象的位置上松开，如图1-30所示。

（2）创建跨页参考线。创建跨页参考线有以下两种方法。

❶在水平标尺上拖曳出参考线，在页面外松开鼠标左键，即可创建跨页参考线，如图1-31所示。

图 1-30

❷对于页面上已经创建好的参考线，需要将其设置为创建跨页参考线时，先将光标放在水平或垂直标尺内侧，按住【Command】（Ctrl）键的同时按住鼠标左键，然后拖曳到页面中需放置对象的位置上松开，如图1-32所示。

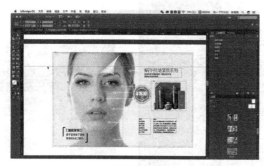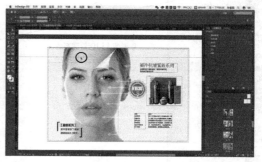

图 1-31　　　　　　　　　　　　　图 1-32

（3）创建水平和垂直参考线。要同时创建水平和垂直的参考线时，需要将光标放置在水平和垂直标尺的交叉点上，按住【Command】（Ctrl）键的同时按住鼠标左键，然后拖曳到页面中合适位置松开，如图1-33所示。

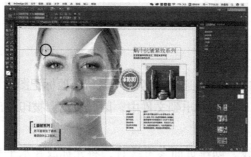

图 1-33

2. 调整参考线

默认情况下，参考线一般置于对象的前方。这时，有些参考线可能会影响设计师查看一些对象，如描边宽度，设计师可以通过更改首选项设置，将参考线置于对象的后方。

执行【编辑】>【首选项】>【参考线和粘贴板】命令，弹出【首选项】对话框，在【参考线选项】选项组中选中【参考线置后】复选框，单击【确定】按钮，完成调整参考线顺序的设置，如图1-34所示。此时，参考线自动调整至图文的底层，如图1-35所示。

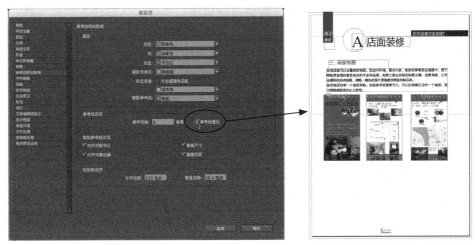

图 1-34　　　　　　　　　　　　　　　　　　　图 1-35

3. 选择参考线

若需要选中已经设置好的参考线，先在工具箱中选择【选择工具】，将光标移动到参考线上单击即可选中；若需要选择多条参考线，按住【Shift】键逐一单击参考线即可多选；选择多条参考线也可以采用框选的方式，但是框选不能框到任何对象，否则不能选中参考线。

4. 移动参考线

选中参考线后，拖曳鼠标即可移动该参考线；也可以在控制栏中输入参数，以精确控制参考线的移动位置，如图1-36所示。

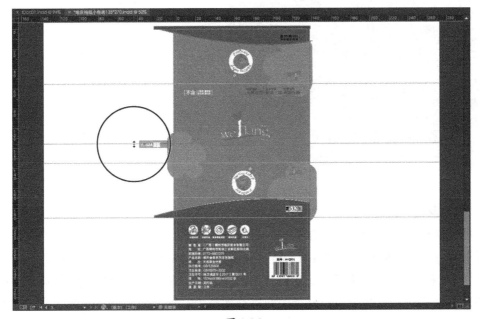

图 1-36

5. 删除参考线

选中参考线，然后按【Delete】键可将参考线删除。可以一次选择多条参考线，然后按【Delete】键进行删除；也可以一次性清除页面上所有的参考线，可按【Command+Option+G】（Ctrl+Alt+G）组合键全选参考线，然后按【Delete】键将其全部删除。在进行删除参考线操作时需要注意，参考线必须在不锁定的状态下才能进行删除。若参考线被锁定，则执行【视图】>【网格和参考线】>【锁定参考线】命令，可将参考线锁定解除。

1.3.3　网格

网格也是重要的辅助功能之一，用来平均分配空间，方便度量和排列图像，并可以准确定位，也用于捕捉对象。在页面上有4种网格类型，分别为基线网格、文档网格、版面网格和框架网格。

1. 基线网格

基线网格的作用相当于平时用的日记本，一行一行的水平网格线，可以更好地对齐文本列，基线网格只显示在操作区的页面中。执行【视图】>【网格和参考线】>【显示基线网格】命令，页面中出现网格；执行【视图】>【网格和参考线】>【隐藏基线网格】命令，页面中的网格消失。网格线的起始点和间距是可以设置的，执行【InDesign CC】>【首选项】>【网格】命令，在弹出的【首选项】对话框中设置【开始】与【间隔】参数，如图1-37所示。

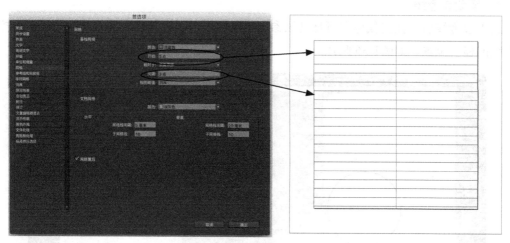

图 1-37

2. 文档网格

文档网格相当于小学生用的方格本，用于对齐对象，文档网格显示在整个操作区上。执行【视图】>【网格和参考线】>【显示文档网格】命令，页面中出现网格。执行【视图】>【网格和参考线】>【靠齐文档网格】命令，当绘制、移动对象或调整对象大小，贴近网格时，对象边缘将被吸附到最近的网格交叉点上，使对象与网格精确靠齐，如图1-38所示。

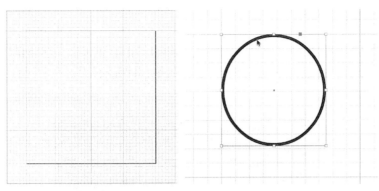

图 1-38

3. 版面网格

版面网格相当于方格信纸，用于对齐文本框，版面网格仅显示在版心中。执行【视图】>【网格和参考线】>【显示版面网格】命令，版面中出现网格。执行【视图】>【网格和参考线】>【靠齐版面网格】命令，在版面网格中拖曳文本并靠近网格时，文本框将被网格吸附住，如图1-39所示。

4. 框架网格

框架网格与版面网格类似，区别在于框架网格仅显示在文本框中。执行【视图】>【网格和参考线】>【显示框架网格】命令，选择工具箱中的【水平网格工具】，在页面中拉出文本框，文本框里出现网格，如图1-40所示。

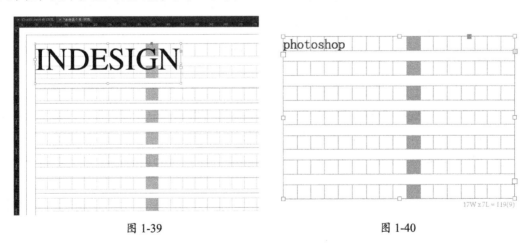

图 1-39   图 1-40

1.4　文档基础操作

在InDesign CC中开始工作时，要创建一个新的文档或者打开原来的文档进行编辑；对于已经制作完的文档，也要保存到指定的位置，以便进行管理和编辑。因此文件的基础操作十分重要，是管理制作文件的基础，也是学习InDesign CC必备的基础知识。

1.4.1 新建文档

执行【文件】>【新建】>【文档】命令，在弹出的【新建文档】对话框中可对用途、页数、页面大小、出血、边距和分栏等进行设置，如图1-41所示。

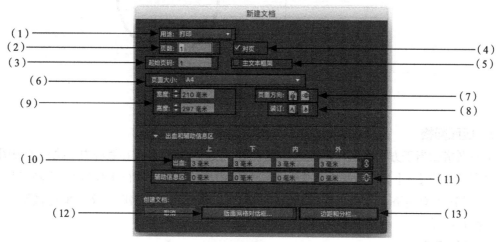

图 1-41

【新建文档】对话框中的选项如下所述。

（1）用途：选择文档的用途，包括【打印】和【Web】选项。

（2）页数：在此文本框内输入需要新建的文档页数。注意：要根据装订方式的不同设定页数。例如，骑马订要以4的倍数设置页码。

（3）起始页码：在此文本框中输入文档的起始页码，起始页码根据出版物的不同可自行设定。

（4）对页：多页面的设计，可根据出版物类型来确定是否选中此复选框，选中之后页面将以对页的形式出现在操作区中。书刊、企业画册通常需要选中此复选框；以单张纸张呈现的印刷品，如挂历、环装书，不需要选中。

（5）主文本框架：选中此复选框，InDesign能自动以当前页面边距大小创建一个文本框。

（6）页面大小：在此下拉列表中有多种尺寸供选择，可根据需要自行选择。不同的设计品对应的尺寸如表1-1所示。

表1-1

设 计 品	尺 寸
名片	横版：90 mm×55 mm（方角），85 mm×54 mm（圆角）
	竖版：90 mm×50 mm（方角），85 mm×54 mm（圆角）
	方版：90 mm×90 mm
IC卡	85 mm×54 mm
三折页广告	（A4）210 mm×285 mm

续表

设　计　品	尺　寸
普通宣传册	（A4）210 mm×285 mm
文件封套	220 mm×305 mm
招贴画	540 mm×380 mm
手提袋	400 mm×285 mm×80 mm
信纸/便条	185 mm×260 mm /210 mm×285 mm

（7）页面方向：用来设置排版的方向，包括【纵向】和【横向】两个选项。单击选项按钮，可以调整和转换【宽度】和【高度】文本框中的参数。

（8）装订：用来设置装订方向，包括【从左到右】和【从右到左】两个选项。一般正常的书籍为左装订，特殊的书籍为右装订。

（9）宽度和高度：在【宽度】和【高度】文本框中输入数值，用来定义页面的尺寸。

（10）出血：在裁切带有超出成品边缘的图像或背景作品时，有可能会因为裁切而露出白边，为了避免白边出现，要把页面边缘的图像或背景向页面外扩展3mm，所以出血区域用于安排超出页面尺寸的出血内容，如图1-42所示。

图 1-42

（11）辅助信息区：主要用来放置一些用于交接工作的信息，该区域内容不会被印刷出来，但是在输出文档时，可将该区域内容输出到文件中，以便于下游厂家按该内容加工生产，如图1-43所示。

（12）版面网格对话框：单击此按钮，弹出【新建版面网格】对话框，用于设置新建网格的版面参数，如图1-44所示。

图 1-43

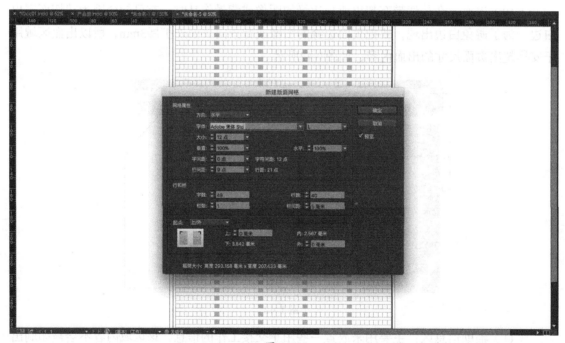

图 1-44

（13）边距和分栏：单击此按钮，弹出【新建边距和分栏】对话框，用于设置新建文档的边距和分栏参数。在对话框中可以设置版面上、下、内、外的边距和版面的栏数及栏间距，单击【确定】按钮，新建的页面出现在文档中，如图1-45所示。多页面的排版最好设置合理的边距和分栏，这样制作好的版面会更加规范，更加符合印刷出版要求。

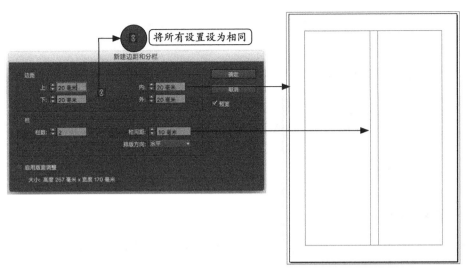

图 1-45

通常，天头地脚的留白宽度设定范围为10～20mm，天头要比地脚宽，这样使版心看起来比较稳当，避免头重脚轻。例如，版心设置过大会使页面看起来太满，造成阅读的不便；版心设置过小会使页面看起来太空、不实。页数比较多的书籍，书本的张合不太方便，订口位置的文字阅读起来会有些难度，在这种情况下，订口内侧的空白就应该留得更大一些，如图1-46所示。

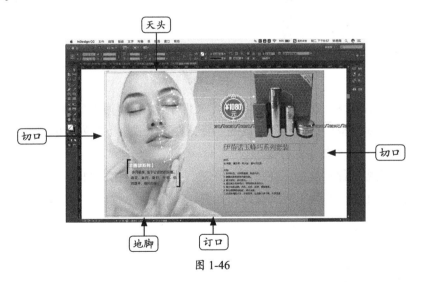

图 1-46

出版物的分栏是为了方便阅读和美化版面而设置的，在不同的出版物中设置分栏是很讲究的，通常来说，版面越大，栏数应该设置得越多，下面介绍几种常见出版物分栏的方法。

- ♠ 报纸通常分为5栏或6栏，如图1-47所示。
- ♠ 期刊杂志通常分为2栏或3栏，如图1-48所示。
- ♠ 文字较多的书籍，如小说、散文、传记等，通常不分栏。
- ♠ 科技类的书籍，如以文字为主的，通常不分栏；以图为辅助性说明的，通常分为2栏。

图 1-47

图 1-48

1.4.2 保存文档

当对一个已有的文件进行改动后，执行【文件】>【存储】命令，就可将文件保存，如图1-49所示。

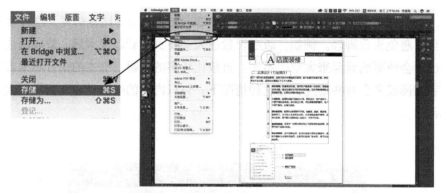

图 1-49

若需要将文档保存为一个新文件，执行【文件】>【存储为】命令，如图1-50所示。在弹出的【存储为】对话框中选择文件存放的路径，在【格式】下拉列表中选择【InDesign CC 文档】或【InDesign CC模板】保存类型。

选择存储为模板的保存类型，在每次打开时，会以原文件为模板，建立一个新的文档，因此存储为模板常用于期刊杂志版式设计，如图1-51所示。

图 1-50

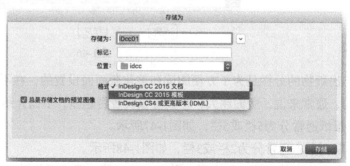

图 1-51

InDesign CC文件还可存储为副本，作为备份文件防止原文件损坏，建议在工作时经常存储文档，保护工作文件以防丢失。

1.4.3　打开文档

执行【文件】>【打开】命令，可以打开文档、模板、书籍和库。本节主要介绍打开文档和模板的具体方法。注意，Windows系统与macOS系统略有不同。

执行【文件】>【打开】命令，弹出【打开文件】对话框，如图1-52所示。

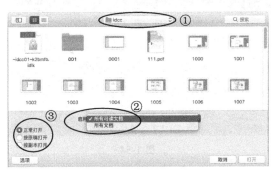

图 1-52

① 查找范围：可以指定放置文件或文件夹的位置。单击右侧的按钮可以在弹出的下拉列表中选择其他位置。

② 文件类型：在下拉列表中可以选择某种指定的文件格式，在【打开文件】对话框中将只显示该格式的文件。

③ 打开方式：在打开方式中有3个单选按钮，分别是【正常打开】、【按原稿打开】和【按副本打开】。选择【正常打开】单选按钮可以打开原稿文档或模板的副本；选择【按原稿打开】单选按钮可以打开原稿文档或模板；选择【按副本打开】单选按钮可以打开文档或模板的副本。

文件名：显示打开文件的名称（注：此为Windows系统下）。

在【打开文件】对话框中选择要打开的文件，单击【打开】按钮，即可打开选中的文件，如图1-53所示。

图 1-53

在InDesign中还有其他打开文件的方式。使用鼠标直接拖曳文件图标至InDesign中，可直接打开InDesign CC文档，如图1-54所示。

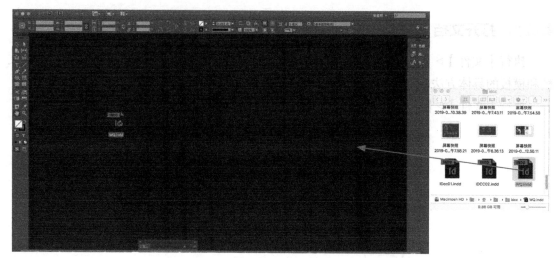

图 1-54

1.4.4 打开文档提示窗口

1. 缺失字体对话框

文档在不同的计算机之间复制时，如果各个计算机的字体不统一，缺少文件中所用到的字体，在打开文档时，就会弹出【缺失字体】对话框，如图1-55所示。

此时，单击【查找字体】按钮，弹出【查找字体】对话框，在该对话框中可以查找和替换缺失的字体，如图1-56所示。

图 1-55

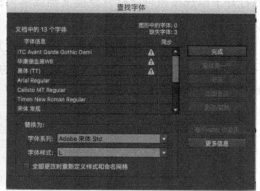

图 1-56

2. 缺失链接对话框

如果置入InDesign中的图像被删除或位置发生变化，在打开文档时，就会弹出【Adobe InDesign】对话框，如图1-57所示。单击【确定】按钮，打开文档后，可在【链接】调板中重新链接图像。

图 1-57

1.5　更改新建文档

在文档创建完成后，如果需要调整页面大小、页数、栏数和栏间距，可以通过【文档设置】和【边距和分栏】对话框进行调整。

1.5.1　更改文档设置

执行【文件】>【文档设置】命令，弹出【文档设置】对话框，在【文档设置】对话框中，可更改页数、页面大小、页面方向、出血和辅助信息区等设置参数，如图1-58所示。

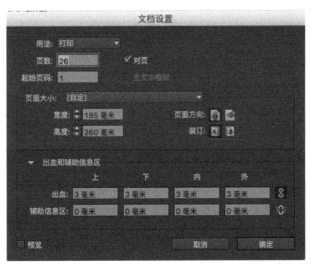

图 1-58

1.5.2　更改边距和分栏设置

执行【版面】>【边距和分栏】命令，弹出【边距和分栏】对话框，在【边距和分栏】对话框中，可以修改已创建好的文档边距和分栏及栏间距设置。不过修改边距和分栏要在主页上进行设置才会应用到每个页面中，如图1-59所示。

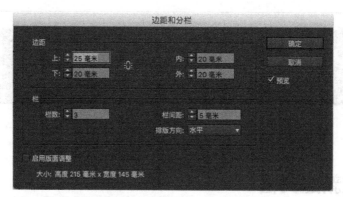

图 1-59

1.6 基本操作

本节重点介绍常用的基本操作，如选择、复制、粘贴等。

1.6.1 选择对象

在介绍工具箱的选择工具时，已经介绍过基本的选择方法，如果已经选中多个对象，要取消选择某个对象，可按住【Shift】键，单击该对象即可取消选择，如图1-60所示。

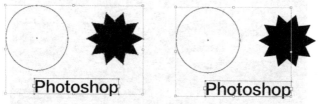

图 1-60

在排版时经常会有几个对象叠放在一起，如果需要选中下方的对象，可按住【Command】（Ctrl）键，在该对象上单击鼠标即可。

1.6.2 复制粘贴

当选中对象后，可以执行菜单栏中的【剪切】、【复制】命令来复制对象。执行复制命令的对象，可以执行【粘贴】、【贴入内部】、【原位粘贴】等命令将其再次粘贴到页面中。【粘贴】是指对象被粘贴到页面中，并偏移原对象位置；【粘贴时不包含格式】是指粘贴的文字将被清除掉原文字的格式，如颜色、字体、字号；【贴入内部】是指可将复制的对象贴入框架中；【原位粘贴】是指在原位置上粘贴对象，如图1-61所示。

【直接复制】不需要执行【复制】命令而直接粘贴对象，如图1-62所示；【多重复制】可将选中的对象以设定的位移间隔复制多个，如图1-63所示。

图 1-61

  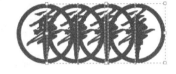

图 1-62　　　　　　　　　　　　　　　　　　图 1-63

多重复制对象可以通过快捷键实现，在对象上按住【Option+Command】（Alt+Ctrl）组合键，移动到合适位置松开，然后按【Option+Command+4】（Alt+Ctrl+4）组合键，即可以同样位移间隔复制多个对象，按几次即可复制几个对象，如图1-64所示。

图 1-64

1.7　综合案例——停车卡片

实际工作中，常见的卡片包含名片、银行卡卡面、企业标牌等，这些卡片的设计可以在InDesign中完成。

> **知识要点提示**

- ● 新建、打开和存储文档及应用参考线
- ● 素材：配套资源∕第1章∕综合案例

操作步骤

01 在设计之前，需先确定好卡片尺寸、页面数等基本信息，才能开始操作。执行【文件】>【新建】>【文档】命令，弹出【新建文档】对话框，将【页数】设为"1"，【宽度】设为"90毫米"，【高度】设为"45毫米"，其他使用默认项，单击【边距和分栏】按钮，

如图1-65所示。

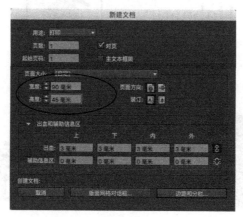

图 1-65

02 弹出【新建边距和分栏】对话框，将【边距】选项组中的【上】、【下】、【内】、【外】均设为"20毫米"，【栏数】设为"1"，【栏间距】默认为"5毫米"，单击【确定】按钮，如图1-66所示。

03 在页面中拖曳出参考线，并将参考线放置到"X"为"45毫米"处，如图1-67所示。

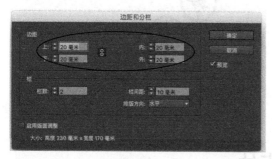

图 1-66

图 1-67

04 选择工具箱中的【矩形工具】，在页面中单击鼠标左键，在弹出的【矩形】对话框中设置参数，【宽度】为"96毫米"，【高度】为"51毫米"，单击【确定】按钮，如图1-68所示。

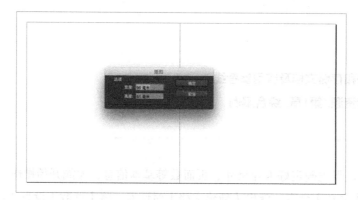

图 1-68

05 将矩形移动到四边贴齐出血线，如图1-69所示，然后在色板中单击【黄色】，将矩形填充为黄色，如图1-70所示。

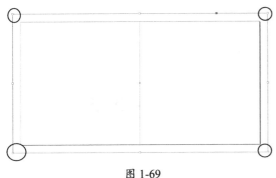

图 1-69

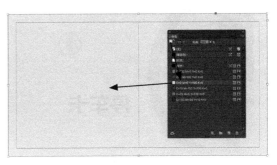

图 1-70

06 执行【文件】>【置入】命令，选择"华彩LOGO"文件，单击【打开】按钮，如图1-71所示。在页面外单击鼠标左键，将图像置入页面中，并移动到合适位置，如图1-72所示。

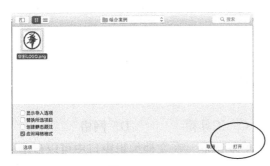

图 1-71

图 1-72

07 执行【编辑】>【复制】命令，再执行【编辑】>【粘贴】命令，复制得到一张图像。按住【Shift+Command】（Shift+Ctrl）组合键并拖曳鼠标，将图像等比缩小，如图1-73所示，然后将其移动到合适位置。

图 1-73

08 在页面中输入第一行文字，使用【选择工具】选中后，将其移动到左侧贴齐参考线位置，如图1-74所示。再输入第二行文字，也将其移动到左侧贴齐参考线位置，如图1-75所示。按【Command+S】（Ctrl+S）组合键，保存文档。

图 1-74

图 1-75

1.8 本章习题

选择题

（1）在不同的出版物中设置分栏是很讲究的，期刊杂志一般分为（　　）。

    A. 5栏到6栏　　　　B. 2栏到3栏　　　　C. 1栏　　　　D. 9栏到10栏

（2）下列不属于辅助工具的是（　　）。

    A. 参考线　　　　B. 标尺　　　　C. 工具箱　　　　D. 网格

（3）在【新建文档】对话框中，选中（　　）复选框，在文档编辑窗口中可以显示两个连续页面。

    A. 页数　　　　B. 主文本框架　　　　C. 对页　　　　D. 页面大小

第 **2** 章

文字的基础应用

版式设计其实就是图文的组合编排，因此文字是最基础也是最重要的部分。文字编排的好坏、专业与否，直接影响着版面的视觉传达效果和后期印刷的难易程度。本章将从文字的基础操作开始介绍，使读者掌握文字的基本应用和操作技巧。

2.1 文字

文字是用来记录和传达语言的书写符号，下面介绍文字的相关知识。

2.1.1 文字基础

（1）字种：在国内的印刷行业，字种主要有汉字、外文字、民族字等几种。民族字是指一些少数民族所使用的文字，如蒙古文、藏文、维吾尔文、朝鲜文等。

（2）字体：字体和字号是文字最基本的属性，字体用于描述文字的形状，印刷中最常见的汉字字体是宋体、黑体、楷体、艺术体等。外文字又可以依字的粗细分为白体和黑体，或依外形分为正体、斜体、花体等。

（3）字号：字号是区分文字大小的一种衡量标准。国际上通用的是点制，点制又称为磅制（P），以计算字的外形的"点"值为衡量标准。国内则以号制为主，点制为辅。号制采用互不成倍数的几种活字为标准，根据加倍或减半的换算关系而自成系统，可以分为四号字系统、五号字系统、六号字系统等。字号的标称数越小，字形越大，如四号字比五号字要大、五号字又要比六号字大等。

根据印刷行业标准的规定，字号的每一个点值的大小等于0.35mm，误差不得超过0.005mm。例如，五号字换成点制后的点值等于10.5点，即3.675mm。外文字全部都以点来计算，每点的大小约等于1/72英寸，即0.35146mm。

InDesign CC不仅能正确分辨字体，还能准确判断文字的常用字号，为工作带来极大的便利。注意，常用的字号有9P、10P、12P、24P、36P等。通常广告公司也会使用一种专门的字号标尺来对字号的大小进行判断。表2-1为印刷汉字尺寸近似对应表。

表2-1

铅　字				照　相　字	
号数	点值	毫米	说明	级数	毫米
初号	36.0	12.600	小五号字的4倍	50	12.50
一号	28.0	9.800	四号字的2倍	40	10.00
小一号	24.0	8.400	七号字的4倍	34	8.50
二号	21.0	7.350	五号字的2倍	30	7.50
小二号	18.0	6.300	小五号字的2倍	26	6.50
三号	16.0	5.600	六号字的2倍	22	5.50
四号	14.0	4.900		20	5.00
小四号	12.0	4.200	七号字的2倍	17	4.25
五号	10.5	3.675		15	3.75
小五号	9.0	3.150		13	3.25
六号	8.0	2.800		11	2.75
七号	6.0	2.100		8	2.00

2.1.2 创建文字

InDesign CC创建文字的常用方法有：输入文字、复制和粘贴文字及置入文字。

1. 输入文字

InDesign仅支持文本框文本，因此输入文字必须要先绘制出一个文本框，才能在其中输入文字。在页面中可以直接输入横排文字、直排文字、路径文字和垂直路径文字。

输入横排文字的操作步骤如下。

❶在工具箱中选择【文字工具】。

❷在页面中按住鼠标左键，并拖曳到合适位置松开，绘制出一个文本框，如图2-1所示，闪动的光标插入点显示在页面左上角位置。

❸使用键盘输入文字，如图2-2所示。

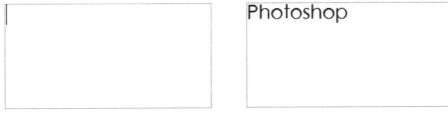

图 2-1　　　　　　　　　　　　图 2-2

ⓘ提示

InDesign 不支持单击输入文字，必须在页面上拖曳鼠标绘制出文本框，才能输入文字。

输入垂直文字的操作步骤如下。

❶用鼠标左键长按工具箱中的【文字工具】，在弹出的工具组中选择【直排文字工具】。

❷在页面中按住鼠标左键，并拖曳到合适位置松开，绘制出一个文本框，如图2-3所示，闪动的光标插入点显示在页面右侧位置。

❸使用键盘输入文字，如图2-4所示。

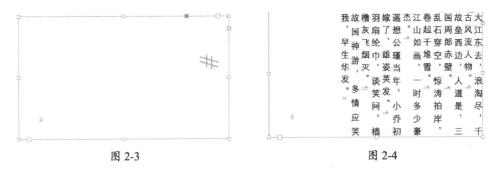

图 2-3　　　　　　　　　　　　图 2-4

输入的横排文字和直排文字，可以自由地进行横竖互换，操作步骤如下。

❶用【选择工具】选择需要转换的文本框，如图2-5所示。

❷执行【文字】>【排版方向】>【垂直】命令，如图2-6所示，文字由横排变为直排，如图2-7所示。

图 2-5   图 2-6   图 2-7

> **ⓘ 提示**
>
> 使用【文字工具】在文本框中的文字上单击，再执行【文字】>【排版方向】>【垂直】命令，也可实现横竖互换。

输入路径文字的操作步骤如下。

❶选择【钢笔工具】任意绘制一条路径曲线，如图2-8所示。

❷用鼠标左键长按工具箱中的【文字工具】，在弹出的工具组中选择【路径文字工具】，当光标移到页面上的路径变为"✏"时，单击路径，如图2-9所示。

❸使用键盘输入文字，输入的文字会沿路径自动排列，如图2-10所示。

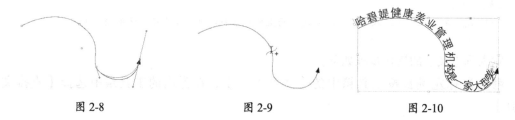

图 2-8   图 2-9   图 2-10

输入垂直路径文字的操作步骤如下。

❶选择【钢笔工具】绘制任意一条路径曲线，如图2-11所示。

❷用鼠标左键长按工具箱中的【文字工具】，在弹出的工具组中选择【垂直路径文字工具】，当光标移到页面上的路径变为"✏"时，单击路径，如图2-12所示。

❸使用键盘输入文字，输入的文字会沿路径自动排列，如图2-13所示。

图 2-11   图 2-12   图 2-13

2. 复制和粘贴文字

InDesign支持从其他软件中复制文字然后粘贴到页面中，如从Word中获取文字，操作步骤如下。

❶在Word的页面中，选中需要的文字，按【Command+C】（Ctrl+C）组合键，复制文字，如图2-14所示。

❷切换到InDesign软件，选择【文字工具】，在页面中按住鼠标左键，并拖曳到合适位置松开，闪动的光标插入点显示在页面中，按【Command+V】（Ctrl+V）组合键，完成操作，如图2-15所示。

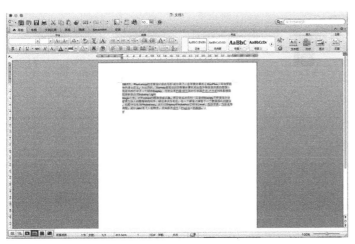

图 2-14

图 2-15

也可以在InDesign的文档、页面之间复制和粘贴文字，操作步骤如下。

❶选择【文字工具】，在需要的文字上按住鼠标左键，拖曳鼠标选中需要的文字，此时文字呈现黑底白字状态，即为选中，如图2-16所示，按【Command+C】（Ctrl+C）组合键复制文字。

❷在页面空白处按住鼠标左键，并拖曳到合适位置松开，闪动的光标插入点显示在页面中，按【Command+V】（Ctrl+V）组合键粘贴，完成操作，如图2-17所示。

图 2-16

图 2-17

3. 置入文字

置入文字是常见的文字创建方式，可以通过该方式获取在其他软件中录入的大量文字，置入文本的格式很多，常见的是Word的文本和纯文本文字，操作步骤如下。

❶执行【文件】>【置入】命令，弹出【置入】对话框，单击【文件夹】下拉按钮，在弹出的下拉列表中选择文字的路径文件夹，然后在文件列表中选择需要置入文字的文件，单击【打开】按钮，如图2-18所示。

光标变成 形状，单击页面中的空白处，文字被置入页面中，如图2-19所示。

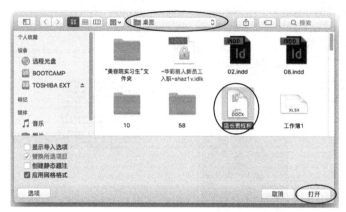 

图 2-18　　　　　　　　　　　　　　　　　图 2-19

2.2　文本框的应用

在InDesign CC中创建文字必须要有文本框，文本框是装载文字的容器，认识并正确使用文本框上的各种图标才能灵活运用文字排版功能。选择一种文字工具，在页面中按住鼠标左键并拖曳到合适位置松开，此时页面中出现的框称为文本框。每个文本框都有8个控制点和2个端口，控制点用来调整框架的大小和形状；端口分为入口和出口，分别表示文本开头和结尾。文本框根据是否完全容纳内容而显示不同的图标。

当文本框完全容纳文本时，图标显示如图2-20所示。

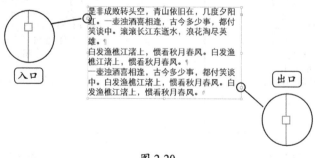

图 2-20

当文本框只容纳部分文本时，文本框的出口图标显示为"⊞"，如图2-21所示。

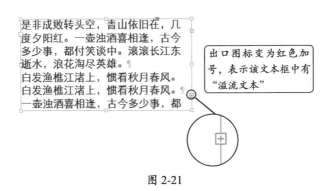

图 2-21

在InDesign中可以对文本框进行创建、编辑、串接、删除、剪切等操作。

2.2.1 创建文本框

在InDesign中可以使用【文字工具】直接创建文本框；也可以使用【形状工具组】的【矩形工具】、【椭圆工具】、【多边形工具】创建图形之后，再将其转变为文本框。

直接创建文本框的操作步骤如下。

❶选择【文字工具】将光标放在页面中，当光标变为 $\boxed{\text{I}}$ 形状时，按住鼠标左键并拖曳，可以绘制出一个矩形文本框，如图2-22所示。

❷松开鼠标左键，文本框创建完毕，如图2-23所示。

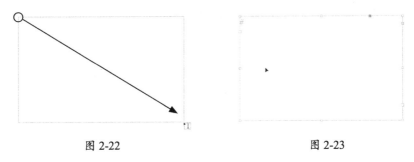

图 2-22   图 2-23

图形转变为文本框的操作步骤如下。

❶选择【椭圆工具】，在页面中按住鼠标左键，拖曳到合适位置松开，绘制出一个圆形，如图2-24所示。

❷选择【文字工具】，将光标移动到圆形内，光标变为 形状，如图2-25所示。

❸输入文字，可以看到图形转变为文本框，并且文字都显示在框架内，如图2-26所示。

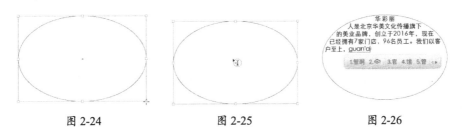

图 2-24   图 2-25   图 2-26

2.2.2 编辑文本框

在InDesign中可以更改文本框的形状、设置文本框的属性、设置文本框的颜色来编辑文本框。

文本框的大小、形状是可编辑的。在文本框中，有8个控制点用于调整框架的大小和形状。在工具箱中选择【选择工具】，在控制点上按住鼠标左键，拖曳到合适位置松开，即可调整文本框大小，如图2-27所示。

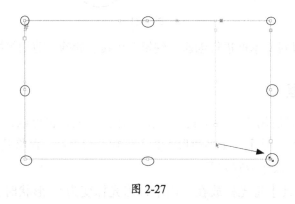

图 2-27

在文本框中有1个黄色的【编辑转角】控制点，可用于将矩形文本框的直角调整为圆弧状，操作步骤如下。

❶单击黄色的【编辑转角】控制点，如图2-28所示。

❷控制点会跳转到矩形边角处，在其上按住鼠标左键，拖曳到合适位置松开，编辑完成，如图2-29所示。

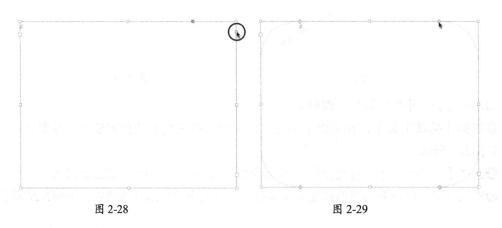

图 2-28   图 2-29

> **ⓘ 提示**
>
> 在实际工作中，通常页面中会有多个文本框，如果文本框过大，会影响设计师的视线，也影响选择等操作，如图2-30所示；贴合文本的文本框，让整个页面看起来干净清爽，如图2-31所示。

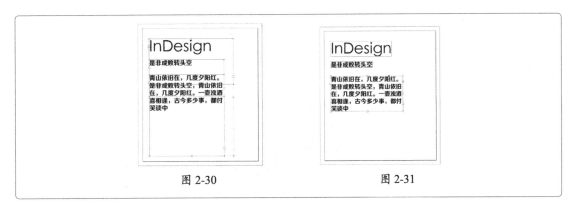

图 2-30   图 2-31

在过大的文本框的右下控制点上双击鼠标左键，即可使文本框贴合文本，如图2-32所示。

图 2-32

【直接选择工具】用来修改文本框的形状，也可以在文本框上先添加锚点，再用【直接选择工具】修改其形状，操作步骤如下。

❶选择工具箱中的【添加描点工具】，在文本框上单击鼠标左键，增加一个锚点，如图2-33所示。

❷选择工具箱中的【直接选择工具】，在页面空白处单击鼠标左键，然后将光标移动添加的锚点上，按住鼠标左键并拖曳文本框上的节点，如图2-34所示。

❸松开鼠标左键，文本框的形状被改变，如图2-35所示。

图 2-33   图 2-34   图 2-35

通过【文本框架选项】对话框，可以更改文本框的栏数、栏间距、内边距、文本的垂直对齐方式和忽略文本绕排，操作步骤如下。

❶使用【选择工具】选中一个文本框，如图2-36所示。

❷执行【对象】>【文本框架选项】命令，弹出【文本框架选项】对话框，设置【栏数】为"2"，【栏间距】为"6毫米"，【内边距】选项组中的【上】、【下】、【左】、

【右】均为"2毫米",【对齐】为"上",单击【确定】按钮,如图2-37所示。

设置的效果如图2-38所示。如果选中【忽略文本绕排】复选框,该文本就不会产生文本绕排效果。

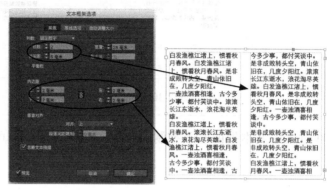

图 2-36　　　　　　　　　图 2-37　　　　　　　　　图 2-38

在【文本框架选项】对话框中选择【基线选项】选项卡,可以更改所选文本框的首行基线选项。使用【首行基线】的【最小】默认值"0"时,【首行基线】选项组中的【位移】下拉列表中的【字母上缘】可使首行文字顶部与文本框齐平,如图2-39所示;【大写字母高度】可使大写字母的顶部与文本框齐平,如图2-40所示;【行距】可将文本的行距值,作为文本首行基线和文本框的距离,如图2-41所示;【x高度】可使英文小写字母的高度与文本框齐平,如图2-42所示。

图 2-39　　　　　　图 2-40　　　　　　图 2-41　　　　　　图 2-42

【全角字框高度】可使全角字符与文本框的顶部齐平,如图2-43所示;【固定】用于指定文本首行基线和文本框上沿的距离,如图2-44所示;【最小】用于设置基线位移的最小值。

图 2-43　　　　　　　　　　　　图 2-44

在InDesign中，还可以为文本框设置填充色和描边色，如果需要为某段文字设置底色，可直接填充文本框，这样不需要再单独绘制一个底色，提高工作效率，其操作步骤如下。

❶使用【选择工具】选中文本框，打开【色板】调板，激活【填色】图标，如图2-45所示。

❷单击需要的颜色，如"C=100 M=0 Y=0 K=0"颜色色块，即可完成文本框填色，如图2-46所示。

图 2-45   图 2-46

❸下面设置文本框的描边色，单击【色板】调板中的描边图标，如图2-47所示。

❹单击【色板】调板中的某个颜色，即可完成设置，如图2-48所示。

图 2-47   图 2-48

2.2.3 文本框的串接

当一段文字较长时，若一个文本框无法完全容纳，则需要将其放置在多个文本框中，并需要保持它们的先后关系，这时可以通过InDesign CC的串接文本功能来实现。在文本框之间连接文本的过程称为串接文本，文本在各文本框之间流动，因此形成串接的文本也形象地称为"文本流"。形成文本流的好处是，排版大量文字的书刊时，如果删除、增加文本流里的文字或调整图文位置，所有的文字会自动在文本框中流动，而不会出现丢失文字的情况。

每个文本框都包含一个入口和一个出口，这些端口用来与其他文本框进行链接。空的入口或出口分别表示文章的开头或结尾。端口中的箭头表示该框架链接到另一框架。出口中的红色加号图标，表示该文章中有更多要置入的文本，但没有更多的文本框可放置这些文本。这些剩余的不可见文本称为溢流文本，如图2-49所示。

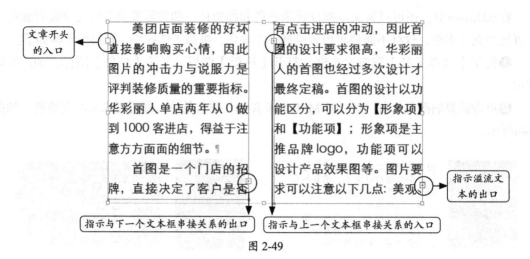

图 2-49

实现文本串接方式可分为以下三种：全自动排入串接文本、半自动排入串接文本、手动串接文本。

1. 全自动排入串接文本

在将文本置入页面中时，根据页面版面和分栏情况，文本自动按顺序被置入页面中，并形成串接文本，操作步骤如下。

❶执行【文件】>【置入】命令，选择置入的文档，单击【打开】按钮，如图2-50所示。

❷按住【Shift】键，此时光标 🔳 变为 🔳，如图2-51所示。

❸单击页面，根据页面边距和分栏情况，文字自动按顺序被置入页面中，并形成串接文本，如图2-52所示。

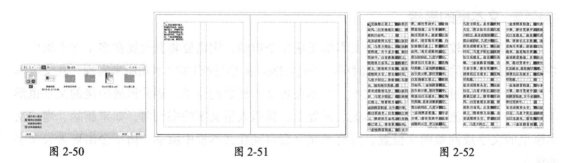

图 2-50 　　　　　　　　　图 2-51 　　　　　　　　　图 2-52

2. 半自动排入串接文本

在将文本置入页面中时，逐一单击鼠标左键，可将文本逐个地置入页面中，并形成串接文本，操作步骤如下。

❶执行【文件】>【置入】命令，选择置入的文档，单击【打开】按钮，如图2-53所示。

❷按住【Option】（Alt）键，此时光标 🔳 变为 🔳，如图2-54所示。

❸在页面上逐一单击鼠标左键，文字也逐一被置入页面中，并形成串接文本，如图2-55所示。

图 2-53　　　　　　　　　　　图 2-54　　　　　　　　　　　图 2-55

3. 手动串接文本

两个彼此独立的文本框也可以形成串接文本，操作步骤如下。

❶选择【选择工具】，选中一个文本框，然后单击出口或入口，如图2-56所示。

❷光标变为 形状，移动到需要串接的文本框上，光标变为 ，如图2-57所示。

❸单击鼠标左键，两个原本独立的文本框形成串接文本，如图2-58所示。

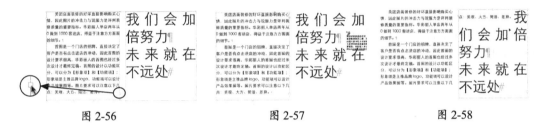

图 2-56　　　　　　　　　　　图 2-57　　　　　　　　　　　图 2-58

4. 利用原有的文本框添加新的文本框

如果原有的文本框装不下太多的文字，形成溢流文本，可添加新文本框而形成串接文本框，操作步骤如下。

❶选择【选择工具】，选择一个溢流文本框，然后单击溢流图标，如图2-59所示。

❷光标变为 形状，在页面空白处按住鼠标左键，并拖曳到合适位置松开，如图2-60所示。

❸新的文本框绘制完成，溢流文本自动流入新文本框中，并形成串接文本，如图2-61所示。

图 2-59　　　　　　　　　　　图 2-60　　　　　　　　　　　图 2-61

5. 断开串接

断开两个文本框之间的串接，操作步骤如下。

❶双击前一个文本框的出口或后一个文本框的入口，如图2-62所示。

❷此时后一个文本框的文本都会被抽出并转移到前一个文本框中，并形成溢流文本，如图2-63所示。

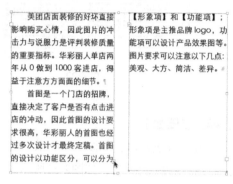

图 2-62　　　　　　　　　　　　　　　　　　　图 2-63

6. 显示串接关系

当页面中串接的文本框过多，需要查看各文本框之间的先后关系时，可以执行【视图】>【其他】>【显示文本串接】命令，然后框选这些文本框，在文本框之间出现连接线，可以清楚地看到文本框之间的关系，如图2-64所示。

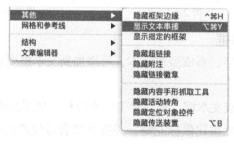

图 2-64

2.2.4 文本框的删除和剪切

删除串接中的文本框时，不会删除文本框内的任何文字，而是将其变为溢流文本；若删除无串接的文本框，则会删除文本框及里面的文字。

首先选择工具箱中的【选择工具】，选中一个或多个文本框，然后按【Delete】键或【Backspace】键即可。如删除框架内的文字，则需要选择【文字工具】进行删除。

从串接文本框中剪切其中某单个文本框，并将其粘贴到其他位置，该文本中的框文字不会再与之前的文本框形成串接关系。

如果剪切多个文本框中的某几个文本框，这几个文本框仍然会保持彼此之间的串接关系，但与原文本框不再形成串接关系。

首先选择工具箱中的【选择工具】，选中一个或多个文本框，然后执行【编辑】>【剪切】命令，转到需要断开链接的文本框出现的页面中，然后执行【编辑】>【粘贴】命令即可。

2.3　编辑文字

InDesign可对文档中的文字进行编辑处理，以达到美化版面、突出主题的目的。因此文字处理是影响创作发挥和工作效率的重要环节，是否能够灵活处理文字显得非常关键。

2.3.1　选择文字

选择文本框中文字的方式很多，如全选文字、涂选文字、加选文字、双击选择、三击选择、四击选择等。

全选文字的操作步骤如下。

❶在工具箱中选择【文字工具】，然后在文本框中的文字之间单击鼠标左键，插入"输入点"，如图2-65所示。

❷按【Shift+A】组合键，文本框中所有文字都被选中，如果是串接文本框，串接的所有文字被选中，如图2-66所示。

美团店面装修的好坏直接影响购买心情，因此图片的冲击力与说服力是评判装修质量的重要指标。华彩丽人单店两年从0做到1000客进店，得益于注意方方面面的细节。 首图是一个门店的招牌，直接决定了客户是否有点击进店的冲动，因此首图的设计要求很高，华彩丽人的首图也经过多次设计才最终定稿。首图的设计以功能区分，可以分为【形象项】和【功能项】；形象项是主推品牌logo，功能项可以设计产品效果图等。图片要求可以注意以下几点：美观、大方、简洁、差异。	美团店面装修的好坏直接影响购买心情，因此图片的冲击力与说服力是评判装修质量的重要指标。华彩丽人单店两年从0做到1000客进店，得益于注意方方面面的细节。 首图是一个门店的招牌，直接决定了客户是否有点击进店的冲动，因此首图的设计要求很高，华彩丽人的首图也经过多次设计才最终定稿。首图的设计以功能区分，可以分为【形象项】和【功能项】；形象项是主推品牌logo，功能项可以设计产品效果图等。图片要求可以注意以下几点：美观、大方、简洁、差异。
图 2-65	图 2-66

涂选文字的操作步骤如下。

❶在工具箱中选择【文字工具】，当光标变为 I 形状时，把光标放在要选择的文字前，按住鼠标左键在文字上进行拖曳，如图2-67所示。

❷到合适位置松开鼠标左键，选中的文字呈现黑底反白状态，也称为"黑选"，如图2-68所示。

图 2-67	图 2-68

双击可以选择两符号之间的文字，如图2-69所示；三击选择一行文字，如图2-70所示；四击则选择整段文字，如图2-71所示。

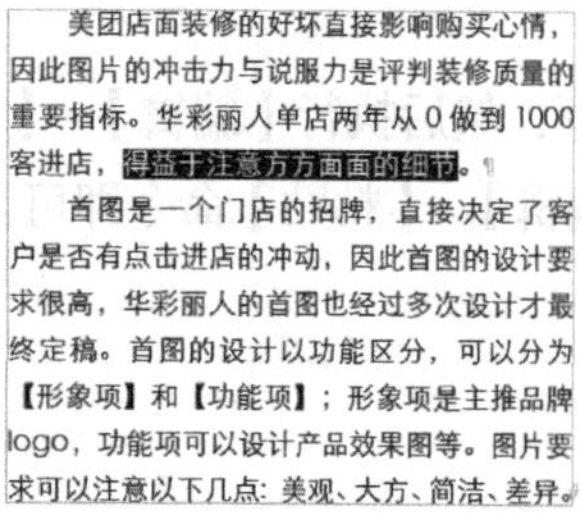

美团店面装修的好坏直接影响购买心情，
因此图片的冲击力与说服力是评判装修质量的
重要指标。华彩丽人单店两年从 0 做到 1000
客进店，得益于注意方方面面的细节。¶
首图是一个门店的招牌，直接决定了客
户是否有点击进店的冲动，因此首图的设计要
求很高，华彩丽人的首图也经过多次设计才最
终定稿。首图的设计以功能区分，可以分为
【形象项】和【功能项】；形象项是主推品牌
logo，功能项可以设计产品效果图等。图片要
求可以注意以下几点：美观、大方、简洁、差异。

图 2-69

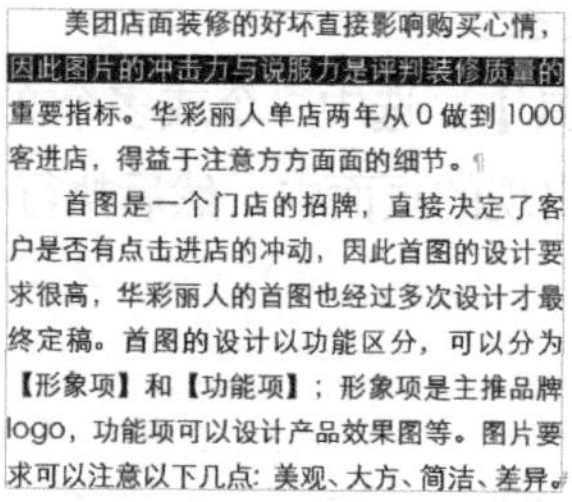

美团店面装修的好坏直接影响购买心情，
因此图片的冲击力与说服力是评判装修质量的
重要指标。华彩丽人单店两年从 0 做到 1000
客进店，得益于注意方方面面的细节。¶
首图是一个门店的招牌，直接决定了客
户是否有点击进店的冲动，因此首图的设计要
求很高，华彩丽人的首图也经过多次设计才最
终定稿。首图的设计以功能区分，可以分为
【形象项】和【功能项】；形象项是主推品牌
logo，功能项可以设计产品效果图等。图片要
求可以注意以下几点：美观、大方、简洁、差异。

图 2-70

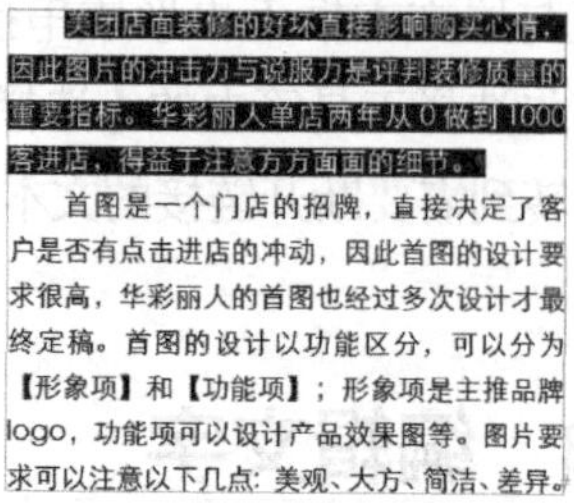

美团店面装修的好坏直接影响购买心情，
因此图片的冲击力与说服力是评判装修质量的
重要指标。华彩丽人单店两年从 0 做到 1000
客进店，得益于注意方方面面的细节。¶
首图是一个门店的招牌，直接决定了客
户是否有点击进店的冲动，因此首图的设计要
求很高，华彩丽人的首图也经过多次设计才最
终定稿。首图的设计以功能区分，可以分为
【形象项】和【功能项】；形象项是主推品牌
logo，功能项可以设计产品效果图等。图片要
求可以注意以下几点：美观、大方、简洁、差异。

图 2-71

2.3.2 文字属性

文字属性包含字体、字号、行距等，可以通过【字符】调板来实现。

执行【窗口】>【文字和表】>【字符】命令，打开【字符】调板，在【字符】调板中可以设置文字的字体、字号、行距等属性，如图2-72所示。

字体
字体样式
字号
垂直缩放
字偶间距调整
比例间距
基线偏移
字符旋转
字符前挤压间距
行距
水平缩放
字符间距调整
网格指定格数
倾斜
字符后挤压间距
字符
10 点
16 点
100%
100%
0%
0 点
0°
0°
自动
自动
语言：中文：简体

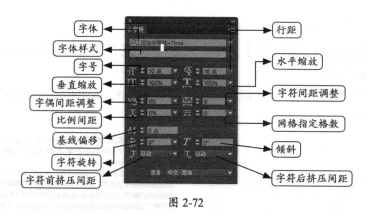

图 2-72

1. 字体

字体是由一组具有相同粗细、宽度和样式的字符（字母、数字和符号）构成的完整集合。

设置字体时，在InDesign中选择【文字工具】，选中要设置的文字，在【字符】调板中选择相应的字体即可，如图2-73所示。

字符
华文细黑
Regular
10 点
16 点
100%
100%
0%
0 点
0°
0°
自动
自动
语言：中文：简体
美团店面装修的好坏直接影响购买心情，
因此图片的冲击力与说服力是评判装修质量的
重要指标。华彩丽人单店两年从 0 做到 1000
客进店，得益于注意方方面面的细节。¶
首图是一个门店的招牌，直接决定了客
户是否有点击进店的冲动，因此首图的设计要
求很高，华彩丽人的首图也经过多次设计才最
终定稿。首图的设计以功能区分，可以分为
【形象项】和【功能项】；形象项是主推品牌
logo，功能项可以设计产品效果图等。图片要
求可以注意以下几点：美观、大方、简洁、差异。

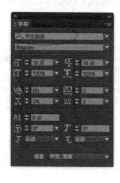

图 2-73

2. 字号

字号是指印刷用字的大小，即从活字的字背到字腹的距离。我们所用的字号单位通常是点制和号制。

选择工具箱中的【文字工具】，选中要设置的文字，打开【字符】调板，在【字体大小】下拉列表中选择需要的字号，或者直接输入字号值，如图2-74所示。

3. 行距

相邻行文字间的垂直间距称为行距。行距是通过测量一行文本的基线到上一行文本基线的距离得出的。

执行【窗口】>【文字和表】>【字符】命令，打开【字符】调板。默认的行距按文字大小的 120% 设置（例如，10 点文字的行距为 12 点）。当使用自动行距时，InDesign 会在【字符】调板的【行距】下拉列表中显示行距默认值，如图2-75所示。将行距值显示在圆括号中，也可删除行距默认值，按情况需要自行设置。

图 2-74

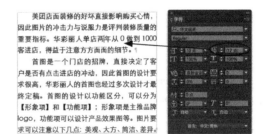

图 2-75

4. 文字缩放比例

文字缩放比例分为【水平缩放】和【垂直缩放】两种，通过调整文字的缩放比例可以对文字的宽度和高度进行挤压或扩展，如图2-76所示。

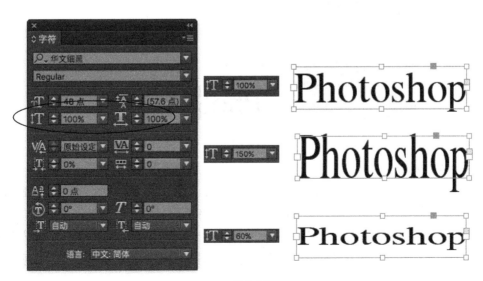

图 2-76

5. 字符旋转和倾斜

【字符旋转】选项用来调整文本的角度。使用【选择工具】可以选中文本框，在【字符旋转】栏中输入相应的数值，文本框里所有文字按相应角度旋转；也可以使用【文字工具】黑选某几个文字，使其旋转，如图2-77所示。

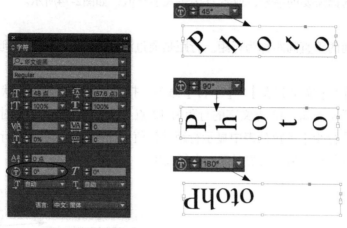

图 2-77

【倾斜】选项用来任意设置文字的倾斜角度。使用【选择工具】可以选中文本框，在【字符旋转】栏中输入相应的数值，文本框中所有文字按相应角度倾斜；也可以使用【文字工具】黑选某几个文字，使其倾斜。参数是正数时文字向右倾斜，参数是负数时文字向左倾斜，如图2-78所示。

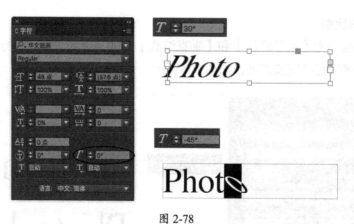

图 2-78

6. 字偶间距和字符间距

字偶间距用于调整两个字符之间的距离，使用【文字工具】在两个字符之间输入插入点，然后在【字偶间距】栏中输入参数即可，如图2-79所示。字符间距是将选中的文字以特定的距离排列，可以使用【选择工具】选中文本框，然后在【字符间距】栏中输入参数即可，也可以使用【文字工具】将所需的文字黑选，再进行设置，可以看到选中的文字间距发生变化，如图2-80所示。

图 2-79　　　　　　　　　　　　　　　　图 2-80

　　字符前/后挤压间距是以当前选中的文字为标准，在字符前后插入空格。空格可以是全角空格，也可以是3/4全角空格等。使用【选择工具】可以选中文本框，设置文本框中所有文字，如图2-81所示；也可以使用【文字工具】黑选某几个文字，所选文字间距会发生变化，如图2-82所示。

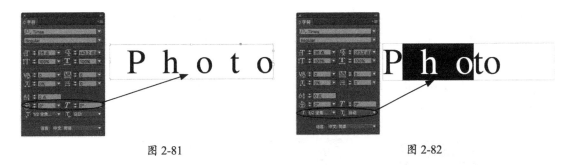

图 2-81　　　　　　　　　　　　　　　　图 2-82

　　比例间距 ：对字符应用比例间距会使字符周围的空间按比例压缩。但字符的垂直和水平缩放将保持不变。

　　网格指定格数 ：可以通过网格指定格数对指定网格字符进行文本调整。

　　基线偏移：可将所选的文字与文本基线发生偏移，正数向上偏移，负数向下偏移，如图2-83所示。

图 2-83

2.3.3 设置文字颜色

　　在【工具箱】、【颜色】、【色板】、【渐变】调板中可以设置文字颜色，也可以设置选中文字的描边色。

1．设置文字的单色

使用【拾色器】调板对文字填充颜色或者描边色，操作步骤如下。

❶使用【文字工具】黑选文本，双击【工具箱】中的【填色】图标，如图2-84所示。

❷在弹出的【拾色器】调板中，使用吸管选择需要应用的颜色，单击【确定】按钮，文字填充上色，如图2-85所示。如需设置描边色，在【工具箱】中双击【描边】图标即可。

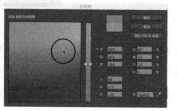

图 2-84 图 2-85

使用【颜色】调板对文字填充颜色或者描边色，操作步骤如下。

❶使用【文字工具】黑选文本，选择【窗口】>【颜色】>【颜色】命令，弹出【颜色】调板，如图2-86所示。

❷单击【颜色】调板的下拉菜单图标，在弹出的快捷菜单中，选择"CMYK"选项，如图2-87所示。

图 2-86 图 2-87

❸使用吸管选择需要应用的颜色，文字填充上色，如图2-88所示。如需设置描边色，单击【颜色】调板中的【描边】图标，使用吸管选择需要应用的颜色即可。

图 2-88

使用【色板】调板编辑文字颜色，操作步骤如下。

❶使用【文字工具】黑选文本，执行【窗口】>【颜色】>【色板】命令，如图2-89所示。

❷单击【色板】调板中的【填充】图标，在颜色栏处单击鼠标左键，即可完成填充色，如图2-90所示。

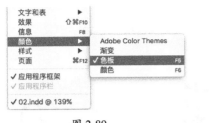

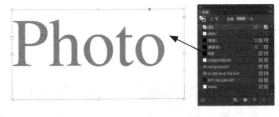

图 2-89 图 2-90

使用【选择工具】结合【色板】调板，也可以对文字填充颜色，操作步骤如下。

❶使用【选择工具】选中文本框，在【色板】调板中单击【格式针对文本】按钮 T，如图2-91所示。

❷确认【色板】调板上【填色】处于激活状态，单击某个颜色栏，文本框内所有文字都被填充上色，如图2-92所示。

图 2-91 图 2-92

2. 设置文字的渐变颜色

要对某一文本框内的部分文本更改颜色，可以使用【文字工具】选择文本，执行【窗口】>【颜色】>【渐变】命令，在弹出的【渐变】调板中单击需要应用的颜色，文字填充渐变色，如图2-93所示。

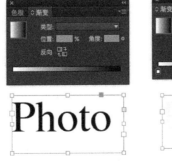

图 2-93

使用【渐变色板工具】或者【渐变羽化工具】也可设置文字的渐变颜色，操作步骤如下。

❶选择【工具箱】中的【渐变色板工具】，使用【文字工具】黑选文字，如图2-94

所示。

❷选择【渐变色板工具】在文字上按住鼠标左键并拖曳，如图2-95所示。

❸到合适位置松开，即可完成设置，如图2-96所示。

图 2-94　　　　　　　　　　图 2-95　　　　　　　　　　图 2-96

2.3.4　【字符】调板快捷菜单

1. 下划线注和删除线

要为文本设置下划线和删除线，可用【文字工具】或【选择工具】选择需要修改的文字，单击【字符】调板右侧的黑三角按钮，在弹出的快捷菜单中执行【下划线】和【删除线】命令即可。图2-97为下划线效果图，图2-98为删除线效果图。

图 2-97　　　　　　　　　　　　　　　　图 2-98

2. 设置上标和下标

在有些情况下，如二次方、三次方等，都要用到上标或下标。首先选择需要修改的文字，然后单击【字符】调板右侧的黑三角按钮，在弹出的快捷菜单中执行【上标】或【下标】命令即可。图2-99所示为上标效果图。

根据需要也可以改变一些默认值，修改系统设置中文字的相关选项，操作步骤是执行

注：为与软件保持一致，本书使用"下划线"，实际应为"下画线"。

【InDesign CC】>【首选项】>【高级文字】命令，在【高级文字】选项组的【上标】和
【下标】文本框中根据需要设置参数值，如图2-100所示。

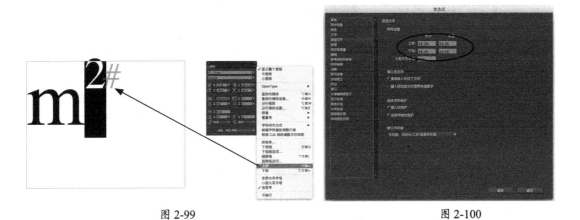

图 2-99　　　　　　　　　　　　　　　　　　　　　　　图 2-100

3. 添加着重号

在横排文字的上面或下面，或竖排文字的左面或右面添加着重号，起到醒目和提示的作
用。InDesign提供了几种常见的着重号，方法是使用【文字工具】选中文字，在【字符】调
板菜单中执行【着重号】>【实心三角形】命令，如图2-101所示。

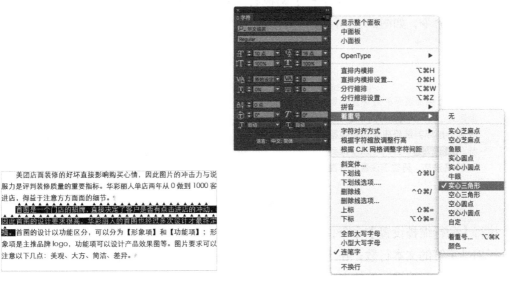

图 2-101

4. 直排内横排

使用直排内横排（又称为纵中横或直中横）可使直排文本中的一部分文本采用横排方
式。通过旋转文本可使直排文本框中的半角字符（如数字、日期和短的外语单词）更易于阅
读。首先选择需要修改的文字，然后单击【字符】调板右侧的黑三角按钮，在弹出的快捷菜
单中执行【直排内横排】命令，如图2-102所示。

图 2-102

可以对直排内横排的参数进行设置，以调整文字偏移基线的距离，方法是在【字符】调板菜单中执行【直排内横排设置】命令，弹出【直排内横排设置】对话框。

在【上下】中指定一个值以将文本上移或下移。若指定正值，则文本上移；若指定负值，则文本下移。在【左右】中指定一个值以将文本左移或右移。若指定正值，则文本右移；若指定负值，则文本左移。

5. 分行缩排

可以将分行缩排设置为正文文本的随文注释，选中的文字将缩排到一行中。方法是先选择需要修改的文字，然后单击【字符】调板右侧的黑三角按钮，在弹出的快捷菜单中执行【分行缩排】命令，如图2-103所示。

图 2-103

执行【分行缩排设置】命令，则弹出【分行缩排设置】对话框。在【行】中指定要显示为分行缩排字符的文本行数；在【行距】中指定分行缩排字符行之间的距离；在【分行缩排大小】中指定分行缩排字符的大小。

2.3.5 创建轮廓

在InDesign中可将文字转换为矢量图，即轮廓图形，转换后的文字具有图形的属性，不再具有文字属性，如字体、字号等属性，因此可以使用【路径工具】对该文字进行编辑。这种转换的好处是可以防止在其他的计算机中打开文件时缺失字体，并且可以制造生僻字。

方法是使用【选择工具】选择文本框，执行【文字】>【创建轮廓】命令，将文本框中的文字转化为轮廓，如图2-104所示。

图 2-104

2.4　特殊字符

2.4.1　插入特殊字符

特殊字符包括破折号和连字符、注册商标符号、页码和省略号等。插入特殊字符的操作步骤如下。

❶使用【文字工具】，在希望插入字符的地方放置插入点，如图2-105所示。

❷执行【文字】>【插入特殊字符】命令，在其子菜单中选择要插入的符号，如图2-106所示，如执行【插入特殊字符】命令【符号】菜单中的【注册商标符号】命令，效果如图2-107所示。

图 2-105　　　　　　　　　　图 2-106　　　　　　　　　　图 2-107

2.4.2　插入空格

空格字符是指出现在字符之间的空白区。可将空格字符用于多种不同的用途，如防止两个单词在行尾断开。插入空格的操作步骤如下。

❶使用【文字工具】，在希望插入特定大小的空格的地方放置插入点。

❷执行【文字】>【插入空格】命令，然后在子菜单中选择一个间距。

2.4.3　插入分隔符

在文本中插入特殊分隔符，可控制对栏、框架和页面的分隔方式，操作步骤如下。

❶使用【文字工具】，在希望出现分隔的地方单击以显示插入点。

❷执行【文字】>【插入分隔符】命令，然后在子菜单中选择一个分隔符。

下列命令显示在【文字】>【插入分隔符】子菜单上。

（1）【分栏符】：将文本排列到当前文本框内的下一栏。若文本框仅包含一栏，则文本转到下一串接的文本框。

（2）【框架分隔符】：将文本排列到下一串接文本框中，不考虑当前文本框的栏设置。

（3）【分页符】：将文本排列到下一页面（该页面有串接到当前文本框的文本框）。

（4）【奇数页分页符】：将文本排列到下一奇数页面（该页面具有串接到当前文本框的文本框）。

（5）【偶数页分页符】：将文本排列到下一偶数页面（该页面具有串接到当前文本框的文本框）。

> **◆ 注意**
>
> 上述分隔符在表中不起作用。

（6）【强制换行】：在插入字符的地方强制换行。

（7）【自由换行符】：插入一个段落回车符。

2.5 段落

2.5.1 选择段落

选择工具箱中的【文字工具】，在段落的开头按住鼠标左键，并在页面中拖曳至段落的末尾，此时松开鼠标左键即可将段落选中。

2.5.2 段落属性

在InDesign中使用【段落】调板可以调整段落样式，包括设置段落对齐方式、缩进、强制行数、段前和段后间距、首字下沉、避头尾设置等。在应用【段落】调板之前，使用【文字工具】选中要设置的文字。

执行【窗口】>【文字和表】>【段落】命令，打开【段落】调板，如图2-108所示。

1. 对齐

InDesign中提供了多种文本对齐的方式。在【段落】调板中可以设置段落的对齐方式，包括左对齐、居中对齐、右对齐、双齐末行齐左、双齐末行居中、双齐末行齐右、全部强制双齐、朝向书脊对齐、背向书脊对齐等。

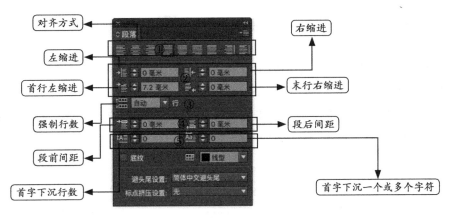

图 2-108

选择工具箱中【选择工具】，单击需要调整的段落，在【段落】调板中选择对齐方式。

（1）左对齐：单击【左对齐】按钮▤，选中的文本将以段落的左边为基准对齐，如图 2-109所示。

（2）居中对齐：单击【居中对齐】按钮▤，选中的文本将以段落的中心为基准对齐，如图2-110所示。

（3）右对齐：单击【右对齐】按钮▤，选中的文本将以段落的右边为基准对齐，如图 2-111所示。

图 2-109 · · · · · · · · · · · · · · 图 2-110 · · · · · · · · · · · · · · 图 2-111

（4）双齐末行齐左：单击【双齐末行齐左】按钮▤，选中的文本除末行外全部两端对齐，末行以段落的左边为基准对齐，如图2-112所示。

（5）双齐末行居中：单击【双齐末行居中】按钮▤，选中的文本除末行外全部两端对齐，末行以段落的中心为基准对齐，如图2-113所示。

（6）双齐末行齐右：单击【双齐末行齐右】按钮▤，选中的文本除末行外全部两端对齐，末行以段落的右边为基准对齐，如图2-114所示。

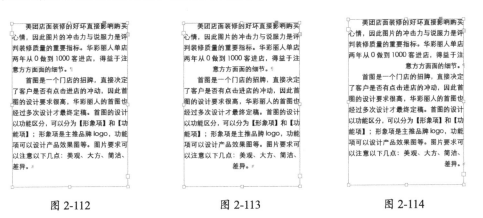

图 2-112 · · · · · · · · · · · · · · 图 2-113 · · · · · · · · · · · · · · 图 2-114

（7）全部强制双齐：单击【全部强制双齐】按钮▤，选中的文本全部两端对齐，如图2-115所示。

（8）朝向书脊对齐：单击【朝向书脊对齐】按钮▤，选中的文本左页的文字将右对齐，右页的文本将左对齐，如图2-116所示。

（9）背向书脊对齐：单击【背向书脊对齐】按钮▤，选中的文本左页的文字将左对齐，右页的文本将右对齐，如图2-117所示。

| 图 2-115 | 图 2-116 | 图 2-117 |

2. 缩进

使用缩进功能可以设置段落文本与文本框内侧的距离，包括左缩进、右缩进、首行左缩进和末行右缩进。

（1）左缩进：单击要缩进的段落，在【左缩进】▤文本框中输入相应的数值，如5，单位为毫米，则选中的文本左侧向内移动5毫米，如图2-118所示。

（2）右缩进：单击要缩进的段落，在【右缩进】▤文本框中输入相应的数值，如5，单位为毫米，则选中的文本右侧向内移动5毫米，如图2-119所示。

（3）首行左缩进：在【首行左缩进】▤文本框中输入相应的数值，选中文本的第1行左侧向内移动，方法同上，效果如图2-120所示。

（4）末行右缩进：在【末行右缩进】▤文本框中输入相应的数值，可以设置行末的缩进量，方法同上，效果如图2-121所示。

| 图 2-118 | 图 2-119 | 图 2-120 | 图 2-121 |

3．强制行数

强制行数会使段落按指定的行数居中对齐。使用强制行数可以突出显示单行段落，如标题。如果段落行数多于 1 行，选择【强制行数】选项，那么整个段落就可以分布于指定行数。

例如，选择图2-122中的段落第1行标题，单击【段落】调板中的【强制行数】 ![icon] 右侧的下拉按钮，在弹出的下拉列表中选择"5"，效果如图2-122所示。

图 2-122

4．段前和段后间距

使用段前和段后间距可以调整段落和段落之间的距离。如果某段落始于栏或文本框的顶部，则不会在该段落前插入额外间距，对于这种情况，可以增大该段落第1行的行距或该文本框的顶部内边距。在【段前间距】和【段后间距】文本框中输入相应的数值，段与段之间的距离将会自动增大，如图2-123所示。

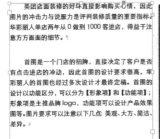

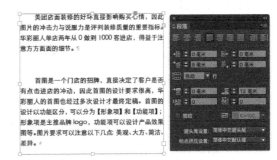

图 2-123

5．首字下沉

使用首字下沉可以设置段首的文字的行高和大小。设置首字下沉时，要将光标插入该段落的前面。

（1）首字下沉行数：在【首字下沉行数】 ![icon] 文本框中输入相应的数值，可以设置文本的高度。

（2）首字下沉一个或多个字符：在【首字下沉一个或多个字符】 ![icon] 文本框中输入相应的数值，可以设置首行下沉的字数，如图2-124所示。

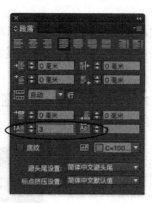

图 2-124

6. 避头尾设置

不能出现在行首或行尾的字符称为避头尾字符。例如，当行的第一个字符为"。"时，设置【避头尾设置】选项，则可以使该字符不成为该行的第一个字符。

在【段落】调板中单击【避头尾设置】右侧的下拉按钮，在弹出的下拉列表中选择【简体中文避头尾】选项，效果对比如图2-125、图2-126所示。

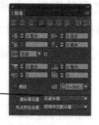

图 2-125

图 2-126

执行【文字】>【避头尾设置】命令，弹出【避头尾规则集】对话框。

（1）禁止在行首的字符：指该标点或符号不能出现在行的第一个字符中。

（2）禁止在行尾的字符：指该标点或符号不能出现在行的最后一个字符中。

（3）悬挂标点：指该标点可以在行外显示。

（4）禁止分开的符号：指该符号不能分开。

在【避头尾规则集】对话框中单击【新建】按钮，可以从其他文档导入内容。输入该避头尾集的名称，然后指定其作为新集基准的当前集。

要删除避头尾集时，可在【避头尾规则集】对话框中，在【避头尾设置】下拉列表中选择要删除的避头尾设置，单击【删除集】按钮，如图2-127所示。

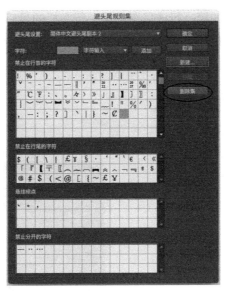

图 2-127

2.5.3 【段落】调板菜单

1. 项目符号和编号

项目符号放在文本（如列表中的项目）前以添加强调效果的点或其他符号，即指在文本前所标注的符号。添加项目符号和编号的操作步骤如下。

❶使用【选择工具】选中一段文字的文本框，如图2-128所示。

❷单击【段落】调板右侧的黑三角按钮，在弹出的快捷菜单中执行【项目符号和编号】命令，如图2-129所示。

❸在弹出的【项目符号和编号】对话框的【列表类型】下拉列表中选择【编号】选项，单击【确定】按钮，如图2-130所示，可以看到行首出现数字编号。

| 图 2-128 | 图 2-129 |  图 2-130 |

2. 保持选项

在正规出版物的排版设计中，出现"孤行寡字"显得不美观也不专业，【保持选项】可以防止段落的最后一行在栏的第一行或段落的第一行在栏的最后一行的情况发生。

单击【段落】调板右侧的黑三角按钮，在弹出的快捷菜单中执行【保持选项】命令，如图2-131所示。弹出【保持选项】对话框，如图2-132所示。

图 2-131   图 2-132

选中【保持各行同页】复选框，选择【在段落的起始/结尾处】单选按钮，指定开始和末尾需要显示的行数，即可避免出现页首或页尾的孤行，如图2-133所示。

图 2-133

选择【段落中所有行】单选按钮，使同一段落中的文本在同一个文本框中，如图2-134所示。

图 2-134

3. 连字

连字以单词列表为基础，为了使段落每一行的文本长度相同，把行尾出现的较长单词断开，并在该位置使用连字符表示，如图2-135所示。

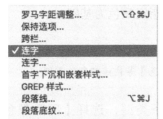

图 2-135

单击【段落】调板右侧的黑三角按钮，在弹出的快捷菜单中执行【连字】命令，弹出【连字设置】对话框，如图2-136所示，在其中进行相关设置。

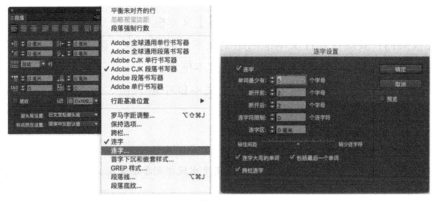

图 2-136

4. 段落线

执行【段落】调板菜单中的【段落线】命令，弹出【段落线】对话框，选择【段前线】选项，选中【启用段落线】复选框，效果如图2-137所示。

图 2-137

粗细：选择一种粗细效果或输入一个值，以确定段落线的粗细。在【段前线】中增加粗细，则向上加宽该段落线；在【段后线】中增加粗细，则向下加宽该段落线。

叠印描边：如果要确保在印刷时描边不会使下层油墨挖空，要选中【叠印描边】复选框。

颜色：【色板】调板中所列为可用颜色。选择【文本颜色】选项，使段前线颜色与段落中第一个字符的颜色相同，使段后线颜色与段落中最后一个字符的颜色相同。

色调：选择色调或输入一个色调值。色调以所指定颜色为基础。

⚑ **注意**

> 无法创建【无】、【纸色】、【套版色】或【文本颜色】等内建颜色的色调。

间隙颜色/色调：如果指定了实线以外的线条类型，选择【间隙颜色】或【间隙色调】，以更改虚线、点或线之间区域的外观。

宽度：选择段落线的宽度，可以选择【文本】（从文本的左边到该行末尾）或【栏】（从栏的左边到栏的右边）选项。如果文本框的左边存在栏内边距，段落线将会从该内边距处开始。

位移：要确定段落线的垂直位置，在【位移】文本框中输入一个值。

保持在框架内：要确保是在文本框内绘制文本上的段落线，选中【保持在框架内】复选框。若未选中此复选框，则段落线可能显示在文本框外。

左/右缩进：在【左缩进】和【右缩进】文本框中输入值，设置段落线的左缩进或右缩进。

⚑ **注意**

> 如果要使用另一种颜色印出段落线，并且希望避免出现印刷套准错误，选中【叠印描边】复选框，再单击【确定】按钮。

5. 连数字

连数字用于防止数字断开。选择需要修改的文字，然后单击【段落】调板右侧的黑三角按钮，在弹出的快捷菜单中执行【连数字】命令即可。

6. 在直排文本中旋转罗马字

要想更改直排文本中的半角字符（如罗马字文本或数字）的方向，可以通过选择【在直排文本中旋转罗马字】命令来实现。选择需要修改的文字，然后单击【段落】调板右侧的黑三角按钮，在弹出的快捷菜单中执行【在直排文本中旋转罗马字】命令即可，如图2-138所示。

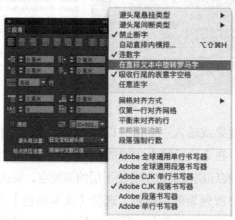

图 2-138

2.5.4　隐藏字符

在InDesign中有一些特殊含义的字符，如回车字符、空格字符、文本结束字符等，这些字符不会被输出、印刷，但是可以显示出来，以提醒用户该文本的状态。当文本的字体缺失，整个文本会以红底显示，该红底不会印刷出来，仅用于提醒用户字体缺失，如图2-139所示。

如果需要将文本中的隐藏字符显示在页面中，执行【文字】>【显示隐含的字符】命令即可，如图2-140所示。如果需要隐藏这些字符，可以执行【文字】>【不显示隐含的字符】命令，也可以按【W】键，切换为【预览显示】，将页面内所有不会被输出的字符和项目隐藏起来。

图 2-139　　　　　　　　　　　　　　　　　　　　图 2-140

2.6　综合案例——美团商户详情页主图

知识要点提示

◊ 【字符】调板及调板菜单的应用

◊ 【段落】调板及调板菜单的应用

◊ 素材：配套资源/第2章/综合案例

分析：由于该设计的主图仅用于线上展示，所以主图的尺寸只需要符合16：9比例即可。美团软件可识别的图像格式为PNG、JPG。

效果参考图

操作步骤

01 执行【文件】>【新建】>【文档】命令，弹出【新建文档】对话框，将【页数】设为"1"，【宽度】设为"160毫米"，【高度】设为"90毫米"，单击【边距和分栏】按钮，如图2-141所示。

02 弹出【新建边距和分栏】对话框，将【边距】选项组中的【上】、【下】、【内】、【外】均设为"0毫米"，【栏数】设为"1"，单击【确定】按钮，如图2-142所示。

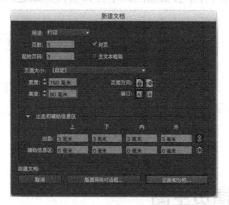

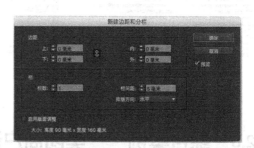

图 2-141 图 2-142

03 执行【文件】>【置入】命令，选择配套资源第2章文件夹中的综合案例文件夹，全选该文件夹中的所有文件，单击【确定】按钮，如图2-143所示。

04 在页面中逐一单击鼠标左键，图像和文字被置入页面中，如图2-144所示。

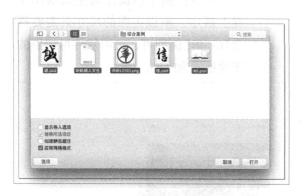

图 2-143 图 2-144

05 使用【选择工具】选中底图，移动四边贴齐页面边框的位置，如图2-145所示。

06 使用【选择工具】选中"诚"和"信"，将其缩小至合适大小，并移动到合适位置；将"华彩LOGO"图像调整大小，移动到右上角，如图2-146所示。提示：关于图像调整大小可参考第5章。

图 2-145

图 2-146

07 使用【文字工具】黑选标题文字，按【Command+X】（Ctrl+X）组合键，如图2-147所示。

08 使用【文字工具】在页面中绘制一个文本框，按【Command+V】（Ctrl+V）组合键，将刚才剪切的文字粘贴到页面中，然后设置文字的字体、字号和对齐方式，并移动到合适位置，如图2-148所示。

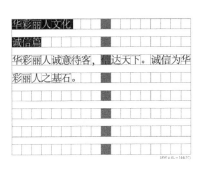

图 2-147

图 2-148

09 同样将其他文字设置好字体、字号和对齐方式，并移动到合适位置，设计完成效果如图2-149所示。

10 执行【文件】>【导出】命令，将文件导出为"PNG"格式，再将导出的图像传送到美团软件后台即可，如图2-150所示。其中，导出操作可参考第10章。

图 2-149

图 2-150

2.7 本章习题

选择题

（1）在【字符】调板中不可以设置文字的（   ）。

    A．字号   B．基线   C．行距   D．字体缩放比例

（2）将文字转换为（   ），这时文字不再具有文字属性，如不能更改字体、字号等，这样可以防止在其他的计算机中打开文件时缺失字体。

    A．轮廓图形   B．变量   C．锁定   D．图像

（3）在【段落】调板中不能调整（   ）。

    A．左缩进   B．强制行数   C．首字下沉行数   D．保持选项

第3章

文字的高级应用

InDesign CC提供了强大的文字编辑处理功能，其功能不仅能够完成一般的文字编辑操作，还可以按照要求灵活方便地进行各种版式设计。为了达到版式多样化的要求，需要对文字进行调整处理。

3.1 样式的应用

在使用InDesign排版时，有大量重复性的工作，在设置某些对象同样的属性上花费了时间，如对一本书所有的标题，希望设置为字体、字号、颜色一样。为了避免重复劳动，InDesign引用了"样式"的功能，只需在选中对象后，应用样式即可编辑对象的属性，这极大地提高了工作效率。对于文字类的对象，使用"字符样式"和"段落样式"来达到目的。

3.1.1 字符样式

字符样式是指通过一个步骤就可以应用于文字的一系列字符格式属性的集合，字符样式主要针对的对象为段落中的某些文字。

使用【字符样式】调板可以创建、应用、编辑、删除字符样式。将所创建的字符样式应用于文字时，只要选中文字，单击【字符样式】调板中相应的样式按钮即可应用。

1. 创建字符样式

创建字符样式通常有两种方法，一种是先建再设，一种是先设再建。

先建再设是指打开【字符样式】调板后，在其中进行文字的属性设置，操作步骤如下。

❶执行【窗口】>【样式】>【字符样式】命令，打开【字符样式】调板，如图3-1所示，在【字符样式】调板快捷菜单中执行【新建字符样式】命令，如图3-2所示。

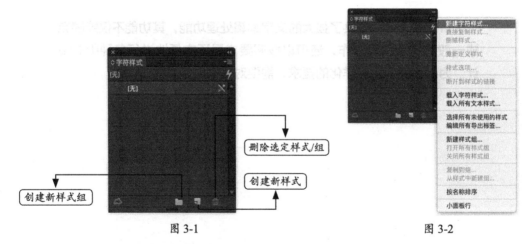

图 3-1　　　　　　　　　　　　　　　　　　　图 3-2

❷弹出【新建字符样式】对话框，在对话框中包括【常规】、【基本字符格式】、【高级字符格式】和【字体颜色】等选项，如图3-3所示。

❸在【常规】选项区域可以设置【样式名称】，如"提示"，如果创立的字符样式基于其他的字符样式，可以在【基于】下拉列表中选择要基于的字符样式，如图3-4所示。

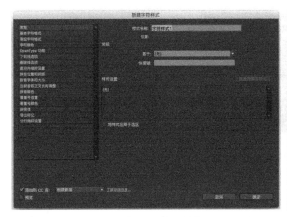

图 3-3

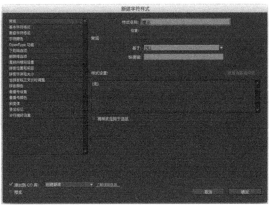

图 3-4

❹选择对话框左侧的【基本字符格式】选项，在【基本字符格式】选项区域可以设置【字体系列】、【大小】、【行距】、【字偶间距】、【字符间距】等，选中【预览】复选框可查看设置的效果，如图3-5所示。

❺同样的方法可以设置【新建字符样式】的其他选项，如【高级字符样式】、【字符颜色】、【下划线选项】、【着重号设置】、【着重号颜色】等。设置完毕后，单击【确定】按钮，在【字符样式】调板中出现新建的字符样式"提示"，如图3-6所示。

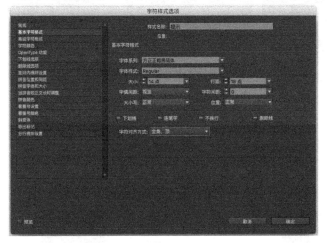

图 3-5

图 3-6

先设再建是指先设置文字的属性，再储存到【字符样式】调板中，操作步骤如下。

❶先设置好文字的属性，如字体、字号、颜色，如图3-7所示，保持该文字处于选中状态。

❷单击【字符样式】调板中的【创建新样式】按钮 ，【字符样式】调板栏出现"字符样式1"，之前设置好文字的属性都储存到该字符样式中，如图3-8所示。

图 3-7 图 3-8

2. 应用字符样式

创建完一个新的字符样式后，将它应用到文字中，应用字符样式的操作步骤如下。

❶在【字符样式选项】对话框中，创建一个"提示"的字符样式，包含字体、字号和颜色三个属性，如图3-9所示。

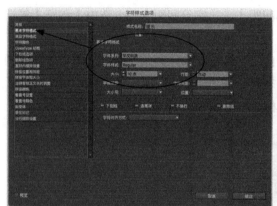
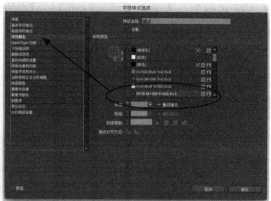

图 3-9

❷创建完成后，选择【文字工具】黑选需要设置的文字，单击【字符调板】中的"提示"样式，该样式被应用到所选文字上，文字发生变化，如图3-10所示。逐一黑选文字，应用"提示"样式，如图3-11所示。

图 3-10 图 3-11

ⓘ 提示

使用【吸管工具】也可以将源文字的属性应用到另外的目标文字上，黑选需要改变的文字，使用【吸管工具】在源文字上单击，目标文字的属性将被改变，如图3-12所示。

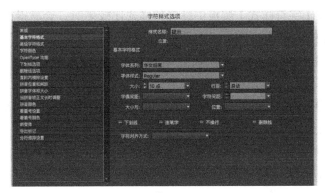

图 3-12

3. 编辑字符样式

创建好的字符样式有时需要编辑和修改，可以右键单击要修改的字符样式，弹出快捷菜单，如执行【编辑"提示"】命令，如图3-13所示，弹出【字符样式选项】对话框，在对话框中可以修改字符样式的各个选项，如图3-14所示。编辑完成后，所有应用了该样式的文字都会发生相应改变。

图 3-13

图 3-14

4. 删除字符样式

创建好的字符样式可以被删除。要删除字符样式，可以右键单击【字符样式】调板中的字符样式栏，在弹出的快捷菜单中执行【删除样式】命令，如图3-15所示；在弹出的【删除字符样式】对话框中可以设置替换的样式，单击【确定】按钮，如图3-16所示；样式被删除，如图3-17所示。

图 3-15

图 3-16

图 3-17

ℹ️ **技巧**

删除样式的另一种方法是选中需要删除的样式后，单击【字符样式】调板下方的【删除选定样式/组】按钮，即可删除该样式，如图3-18所示。

图 3-18

5. 建立样式组

在【字符样式】调板中设置的样式比较多时，会显得很乱，此时可以将相似的样式编成组，便于查看与选取，操作步骤如下。

❶在【字符样式】调板中单击【创建新样式组】按钮 ▢，如图3-19所示，得到"样式组1"。

❷双击"样式组1"栏，在弹出的【样式组选项】对话框中修改名称为"内文"，如图3-20所示。

❸将一个字符样式拖曳到"内文"栏上，松开鼠标左键，该字符样式进入样式组中，如图3-21所示，逐一拖曳，可将需要的样式都拖曳到组中。

图 3-19

图 3-20

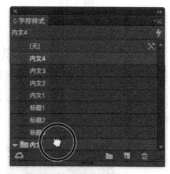

图 3-21

3.1.2 段落样式

段落样式包括字符和段落格式属性，可以应用于一个段落或多个段落。

使用【段落样式】调板可以创建、应用、编辑、删除段落样式，并将其应用于整个段落。样式随文档一同存储，每次打开该文档时，它们都会显示在调板中。

1. 创建段落样式

创建段落样式有两种方法：一是先建后设，二是先设后建。先建后设的操作步骤如下。

❶执行【窗口】>【样式】>【段落样式】命令，打开【段落样式】调板，如图3-22所示。在【段落样式】调板快捷菜单中执行【新建段落样式】命令，如图3-23所示。

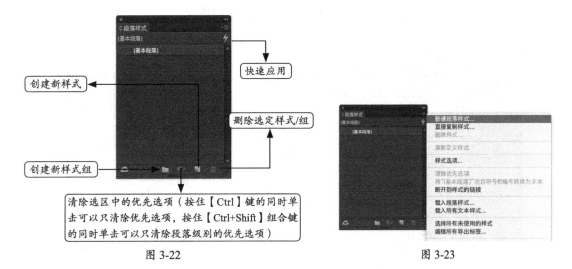

图 3-22

图 3-23

ℹ️提示

默认情况下，每个新文档中都包含一个【基本段落】样式，在没有创建新的段落样式前，输入的文本都自动应用【基本段落】样式。【基本段落】样式可以被编辑，但不能重命名或删除。不过，用户自己创建的段落样式可以重命名和删除。

❷弹出【新建段落样式】对话框，如图3-24所示。

❸在【常规】选项区域可以设置【样式名称】，如"正文文本"，如果创立的段落样式基于其他的段落样式，可在【基于】下拉列表中选择要基于的段落样式。在【下一样式】下拉列表中选择【无段落样式】选项，如图3-25所示。

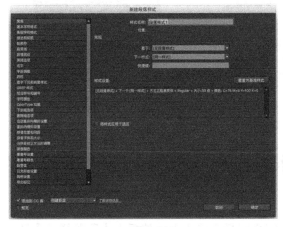

图 3-24

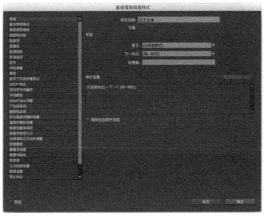

图 3-25

❹单击对话框左侧的【基本字符格式】选项，在【基本字符格式】选项区域可以设置【字体系列】、【大小】、【行距】、【字偶间距】、【字符间距】等，如图3-26所示。同

样的方法可以设置新建段落样式的其他选项，如【高级字符格式】、【缩进和间距】、【段落线】、【字符颜色】、【下划线选项】等。设置完毕后，单击【确定】按钮，在【段落样式】调板中出现新建的段落样式"正文文本"，如图3-27所示。

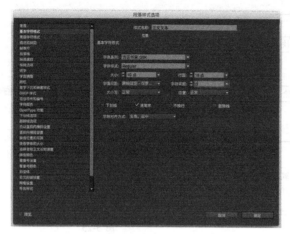

图 3-26

图 3-27

先设后建是指将已经设置好的段落属性的文字，直接应用储存为段落样式，操作步骤如下。

❶使用【文字工具】在编辑好属性的段落上单击，插入输入点，如图3-28所示。

❷在【段落样式】调板中单击【创建新样式】按钮，如图3-29所示。

图 3-28

图 3-29

❸得到"段落样式1"，如图3-30所示。

❹双击"段落样式1"名称，出现编辑名称文本框，在其中输入名称如"标题"，按【Enter】键，设置完成，如图3-31所示。

2. 应用段落样式

使用工具箱中的【文字工具】，在任意文字之间插入输入点，然后在【段落样式】调板中单击建立好的段落样式"标题"，被选中的段落应用"标题"样式，如图3-32所示。

图 3-30　　　　　　　　　　　　　　　　图 3-31

图 3-32

3. 编辑段落样式

创建好的段落样式有时需要编辑和修改，可以右键单击要修改的段落样式，弹出快捷菜单，如执行【编辑"标题"】命令，如图3-33所示。弹出【段落样式选项】对话框，可以修改段落样式的各个选项，如图3-34所示。

图 3-33

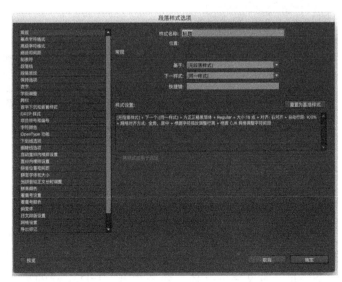

图 3-34

ℹ️ 提示

（1）当将编辑好的段落样式应用于段落后，若段落包含其他的字符样式，则段落样式名称后会出现"+"图标，并且段落也没有完全应用该段落样式，如出现"标题+"，如图3-35所示。此时说明该段落内含优先选项样式。在右键快捷菜单中执行【应用"标题"，清除优先选项】命令，如图3-36所示。段落样式完全应用到选中的段落中，如图3-37所示。

 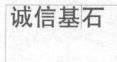

图 3-35   图 3-36   图 3-37

（2）当对同一段落同时应用了字符样式和段落样式时，系统将自动优先应用字符样式，而段落样式不起作用。

4. 删除段落样式

创建的段落样式也可以删除。要删除段落样式，可在【段落样式】调板中单击以选中段落样式，再单击调板下方的【删除选定样式/组】按钮🗑，如图3-38所示。

弹出【删除段落样式】对话框，在【并替换为】下拉列表中默认选中的是【基本段落】段落样式，也可以选择要替换为的段落样式，如图3-39所示。设置完毕后，单击【确定】按钮，删除段落样式，如图3-40所示。

图 3-38   图 3-39   图 3-40

3.2 复合字体

在InDesign中不同国家的文字最好使用其专用的字体，如中文使用中文字体，英文使用罗马字体，这样文字字形更漂亮，也更规范。如果在大量的多国文字混排的文档中，手动调整每一种文字的字体，效率很低。InDesign的复合字体功能自动识别多国文字，并自动设置该国的专用字体。设置好的复合字体，会作为一种字体来使用，并陈列在字体库中。

复合字体在平时的排版工作中经常使用，通常复合字体用来识别罗马字体与中日韩文字字体。图3-41所示为设置复合字体前的效果，图3-42所示为设置复合字体后的效果。

哈碧媞美业
Habeauty

哈碧媞美业
Habeauty

图 3-41 　　　　　　　　　　　　　　图 3-42

复合字体的主要作用是为了识别中文和罗马字体。此外，还可以调整中文和罗马字体的基线不齐的问题，以达到美化版面的作用。创建复合字体的操作步骤如下。

❶执行【文字】>【复合字体】命令，弹出【复合字体编辑器】对话框，在其中进行设置，如图3-43所示。

图 3-43

（1）汉字：汉字字符在中文和日文中使用。韩文字符在朝鲜语中使用，无法编辑汉字或韩文的大小、基线、垂直缩放和水平缩放。

（2）标点：指定用于标点的字体。无法编辑标点的大小、垂直缩放和水平缩放。

（3）符号：指定用于符号的字体。无法编辑符号的大小、垂直缩放和水平缩放。

（4）罗马字：指定用于半角罗马字的字体，通常是罗马字体。

（5）数字：指定用于半角数字的字体，通常是罗马字体。

（6）单位：指定用于字体属性设置的单位。

（7）大小：设置与用于输入字体大小相关的大小。即使使用相同的字体大小，这个大小也可能会因字体的不同而有所差异。可根据复合字体所用字体调整该大小。

（8）基线：设置每种字体的基线。

（9）垂直缩放和水平缩放：在垂直方向和水平方向缩放字体。这些设置仅用于假名、半角罗马字和数字。

（10）从字符中央缩放并保持其宽度：设置在编辑假名的垂直缩放和水平缩放时是从字符中心还是从罗马字基线进行缩放。如果选择了该选项，字符将从中央缩放。

❷单击【新建】按钮，在弹出的【新建复合字体】对话框中输入名称，如图3-44所示。

图 3-44

❸在设置栏中分别设置"汉字"、"标点"、"符号"、"罗马字"和"数字"的字体，如图3-45所示。设置完成后，单击【保存】按钮，再单击【确定】按钮。

❹在【字符格式控制】属性栏中，可以找到设置好的复合字体，将其直接应用到文字中即可，如图3-46所示。

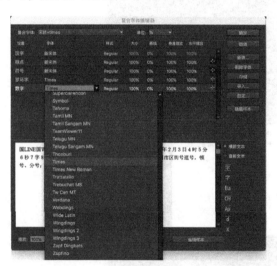

图 3-45

图 3-46

3.3 标点挤压

在中文排版中，通过标点挤压控制汉字、罗马字、数字、标点等之间在行首、行中和行末的距离。标点挤压设置能使版面美观。例如，在默认情况下，每个字符只占一个字宽，如果两个标点相遇，它们之间的距离太大会显得稀疏，因此在这种情况下需要使用标点挤压。

3.3.1 【标点挤压】对话框

执行【文字】>【标点挤压设置】>【基本】命令，弹出【标点挤压设置】对话框，通过在该对话框中进行相应的设置，以对特定的标点进行标点挤压，如图3-47所示。

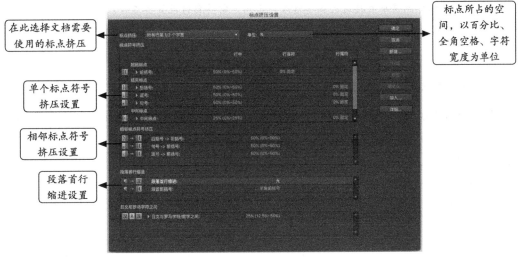

图 3-47

若需要进行更专业的标点挤压设置，可单击【详细】按钮，如图3-48所示。

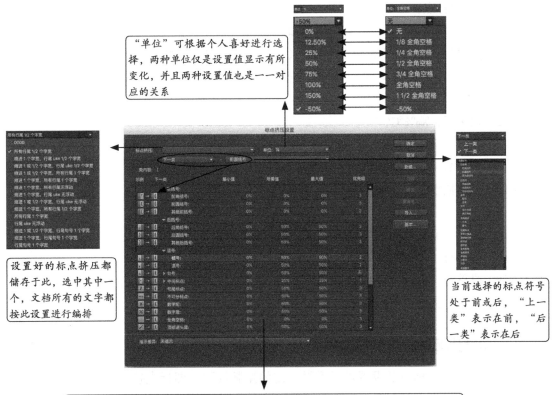

图 3-48

> ✏ **注意**
>
> 无法对默认的标点挤压直接进行编辑修改，当用户需要自行设置标点挤压时，可单击【新建】按钮。

3.3.2 标点的分类

InDesign将标点分为19种，分别是前括号、后括号、逗号、句号、中间标点、句尾标点、不可分标点、顶部避头尾、数字前、数字后、全角空格、全角数字、平假名、片假名、半角数字、罗马字、汉字、行首符和段首符。

（1）前括号：（ 〔 ｛《< ' " 「『【〖

（2）后括号：〗】』」》｝〕）>' "

（3）逗号：、，

（4）句号：。.

（5）中间标点：·：；

（6）句尾标点：！？

（7）不可分标点：—　…

（8）顶部避头尾：/あいうえおつやゆよわアイウエオツヤユヨワ

（9）平假名：あいうえおかがきぎくぐけげこごさざしじす

（10）片假名：アイウエオカガキギクグケゲコゴサザシジス

（11）数字前：$ ¥ £

（12）数字后：‰%℃' ″ ¢

（13）全角空格：占一个字符宽度的空格

（14）全角数字：１２３４５６７８９０

（15）半角数字：1234567890

（16）罗马字：ABCDEFGHIJKLMNOPQRSTUVWXYZ

（17）汉字：亜唖娃阿哀愛挨逢

（18）行首符：每行出现的第一个字符

（19）段首符：每段出现的第一个字符

其中，顶部避头尾、平假名和片假名涉及日文排版。

3.3.3 中文排版的标点挤压类型

在中文排版中，标点的设置需要遵循一定的排版规则，即标点挤压。根据出版物的不同，标点挤压的设置也不相同，常用的标点挤压有4种，分别是全角式、开明式、行末半角式、全部半角式。

1. 全角式

全角式又称全身式，在全篇文章中除两个符号连在一起时（如冒号与引号、句号或逗号与引号、句号或逗号与书名号等），前一符号用半角外，所有符号都用全角。

2. 开明式

除表示一句结束的符号（如句号、问号、叹号、冒号等）用全角外，其他标点符号全部用半角；当多个中文标点靠在一起时，排在前面的标点强制使用半个汉字的宽度。目前大多出版物都用此方式。例如：

（这就是我们的办法。）——句号应该占半个汉字宽度。

是吗？——问号应该占半个汉字宽度。

这是不可能的！！！！——前3个叹号应该占半个汉字宽度。

3. 行末半角式

此种方式要求排在行末的标点符号都用半角，以保证行末版口都在一条直线上。

4. 全部半角式

全部标点符号（破折号、省略号除外）都用半角。这种排版方式多用于信息量较大的工具书。

3.3.4　标点挤压示例

对图3-49所示的文本设置标点挤压，主要目的是使"冒号"和"前引号"之间实现挤压，操作步骤如下。

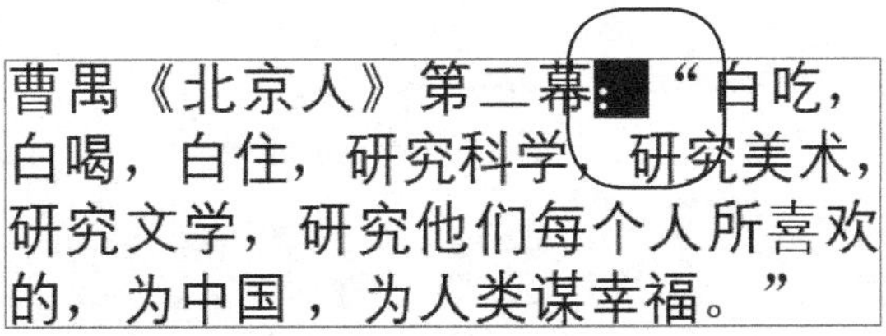

图 3-49

01 执行【文字】>【标点挤压设置】>【详细】命令，弹出【标点挤压设置】对话框。单击【新建】按钮，在弹出的【新建标点挤压集】对话框中将【名称】改为"北京人"，在【基于设置】下拉列表中选择【无】选项，如图3-50所示，单击【确定】按钮。

02 确认"冒号"属于中间标点、"前引号"属于前括号中的其他前括号，在【标点挤压】下面的下拉列表中选择【其他前括号】选项，然后在【类内容】列表框中选择【冒号】选项，单击【所需值】按钮，在数值框中输入"1/4全角空格"，【最大值】的自动变为"1/4全角空格"，如图3-51所示。

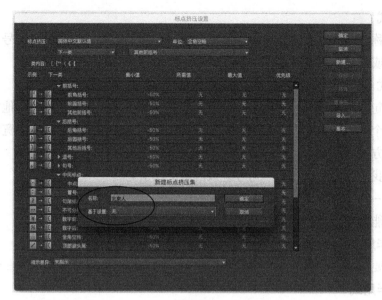

图 3-50

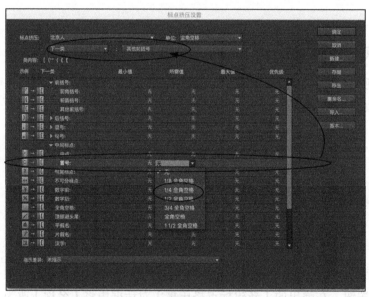

图 3-51

03 单击【存储】按钮，保存标点挤压的设置，单击【确定】按钮，效果如图3-52所示。通过调整汉字与冒号之间的距离，使冒号与前引号之间的距离正好合适。

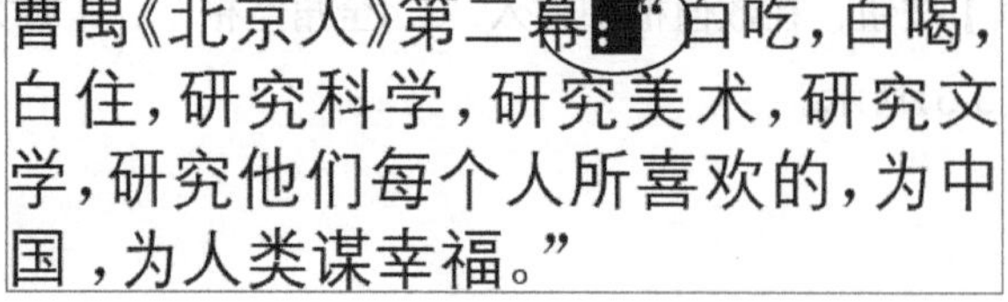

曹禺《北京人》第二幕："白吃，白喝，白住，研究科学，研究美术，研究文学，研究他们每个人所喜欢的，为中国，为人类谋幸福。"

图 3-52

3.4　查找和更改

3.4.1　设置查找/更改

在输入和编写文章时出现的错误相同并分布广泛且不易查找，或从其他软件中复制粘贴到页面中时会出现缺失字体现象，可用查找/更改工具，使工作更加高效便捷。

在工具箱中选择【选择工具】，选择要更改的文字，执行【编辑】>【查找/更改】命令，弹出【查找/更改】对话框，如图3-53所示。

在【查找/更改】对话框中有5个选项卡，分别为【文本】、【GREP】、【字形】、【对象】和【全角半角转换】，可以查找不同内容。

图 3-53

1. 【文本】选项卡

在【查找/更改】对话框中选择【文本】选项卡。例如，在【查找内容】文本框中输入"InDesign"，在【更改为】文本框中输入"InDesignCC"，单击【查找】按钮，然后单击【全部更改】按钮，如图3-54所示。

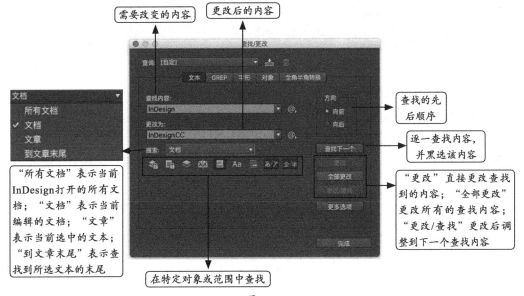

图 3-54

ⓘ 提示

　　溢流文本中的内容也可被查找到，在【查找内容】处会出现"溢流文本"提醒，如图3-55所示。如果查找的内容是生僻字符，可将其复制粘贴到【查找内容】文本框中。

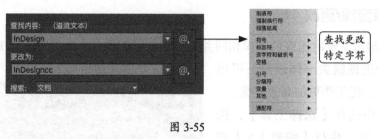

图 3-55

　　在【文本】选项卡里还可以查找、更改格式，如果未出现【查找格式】和【更改格式】选项，可单击【更多选项】按钮，如图3-56所示。然后在【查找格式】列表框中单击，或单击【指定要查找的属性】按钮，在弹出的【查找格式设置】对话框的左侧选择一种类型的格式，指定格式属性，然后单击【确定】按钮，如图3-57所示。

图 3-56

图 3-57

2.【GREP】选项卡

　　使用【GREP】（正则表达式）可以做更复杂的查找/更改工作，在【查找内容】中输入正则表达式，可以查找到更复杂的内容，操作步骤如下。

❶将文本中的"m2"和"m3"中的"2"和"3"转换为上标文字，如图3-58所示。

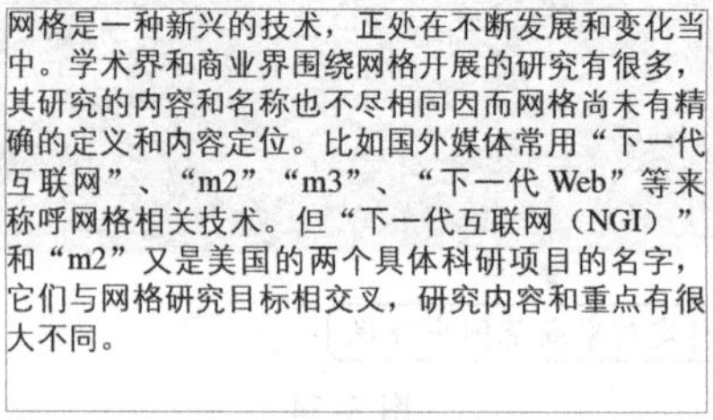

网格是一种新兴的技术，正处在不断发展和变化当中。学术界和商业界围绕网格开展的研究有很多，其研究的内容和名称也不尽相同因而网格尚未有精确的定义和内容定位。比如国外媒体常用"下一代互联网"、"m2""m3"、"下一代 Web"等来称呼网格相关技术。但"下一代互联网（NGI）"和"m2"又是美国的两个具体科研项目的名字，它们与网格研究目标相交义，研究内容和重点有很大不同。

图 3-58

❷在【查找/更改】对话框中，选择【GREP】选项卡，在【查找内容】中输入代码"(?<=m|M)(2|3)(?!\d)"，如图3-59所示。

❸在【更改格式】栏单击，在弹出的【更改格式设置】对话框中选择"上标"，然后单击【确定】按钮，如图3-60所示。

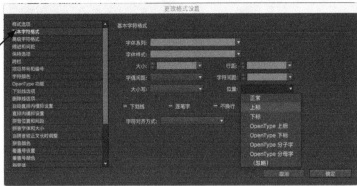

图 3-59　　　　　　　　　　　　　　　　　图 3-60

❹最后单击【查找/更改】中的【全部更改】按钮，更改完成，如图3-61所示。

网格是一种新兴的技术，正处在不断发展和变化当中。学术界和商业界围绕网格开展的研究有很多，其研究的内容和名称也不尽相同因而网格尚未有精确的定义和内容定位。比如国外媒体常用"下一代互联网"、"m^2"、"m^3"、"下一代 Web"等来称呼网格相关技术。但"下一代互联网（NGI）"和"m^2"又是美国的两个具体科研项目的名字，它们与网格研究目标相交叉，研究内容和重点有很大不同。

图 3-61

3.【字形】选项卡

在【字形】选项卡中，可查找文本中的特殊字形符号，并将其更改，操作步骤如下。

❶将文本中的美元符号转换为人民币符号，如图3-62所示；黑选需要改变的符号，单击鼠标右键，在弹出的快捷菜单中执行【在查找中载入选定字形】命令，如图3-63所示。

肩颈套盒"＄600"
面部套盒"＄500"
全身套盒"＄900"
紧致套盒"＄700"

图 3-62　　　　　　　　　　图 3-63

❷在【查找/更改】对话框中，选择【字形】选项卡，单击【更改字形】按钮，在下拉菜单中选择"¥"符号，单击【全部更改】按钮，然后单击【完成】按钮，如图3-64所示。文字更改完成，如图3-65所示。

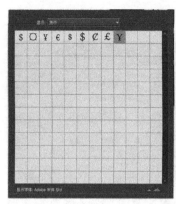

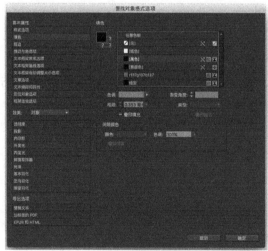

图 3-64

图 3-65

4. 【对象】选项卡

【对象】选项卡可以查找并替换应用于对象、图形框和文本框的属性和效果。例如，要使投影具有统一的颜色、透明度和位移距离，可使用【对象】选项卡在整个文档中搜索并替换投影。

在【查找/更改】对话框中，选择【对象】选项卡，单击【查找对象格式】列表框右侧的按钮，弹出【查找对象格式选项】对话框，选择需要查找的内容，单击【确定】按钮，如图3-66所示。单击【更改对象格式】列表框右侧的按钮，弹出【更改对象格式选项】对话框，选择更改的内容，单击【确定】按钮，如图3-67所示。单击【查找】按钮，然后单击【全部更改】按钮，如图3-68所示。

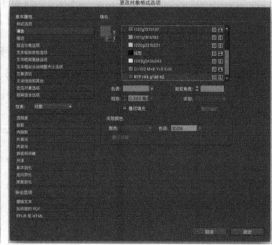

图 3-66

图 3-67

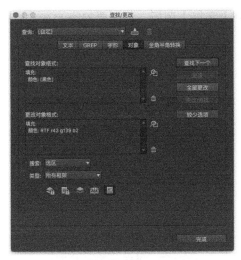

图 3-68

5.【全角半角转换】选项卡

全角半角转换是指将全角的符号、数字与半角的符号、数字相互转换。

在【查找/更改】对话框中，选择【全角半角转换】选项卡，如在【查找内容】下拉列表中选择【全角罗马符号】选项，在【更改为】下拉列表中选择【半角罗马符号】选项，单击【查找】按钮，然后单击【更改】按钮，如图3-69所示。

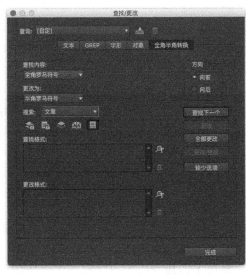

图 3-69

3.4.2　拼写检查

对文本选定范围内进行拼写检查，主要是对字母拼写错误、未知单词、连续输入两次的单词及可能有大小写错误的单词进行检查并更改。

在执行操作前要先打开【字符】调板，将所要检查的文本语言更改为【英语：英国】，如图3-70所示。

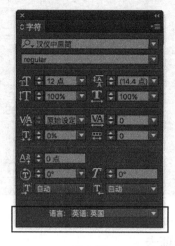

图 3-70

执行【编辑】>【拼写检查】>【拼写检查】命令，弹出【拼写检查】对话框，在【建议校正为】下拉列表中选择要更改的选项，单击【更改】按钮，如图3-71、图3-72所示。如果【更改为】中出现的单词不需要修改，单击【跳过】按钮即可。单击【完成】按钮，如图3-73所示。

图 3-71　　　　　　　　　图 3-72　　　　　　　　　图 3-73

3.4.3　查找字体

在打开或置入包含系统尚未安装的字体的文档时，会出现一条警告信息，指出所缺失字体，可用查找字体功能来进行查找和替换。

执行【文字】>【查找字体】命令，弹出【查找字体】对话框，【字体信息】栏中出现图标，即为缺失字体，单击选中该字体，在【替换为】选项组的【字体系列】下拉列表中选择一种字体，单击【查找第一个】按钮，系统自动查找，单击【全部更改】按钮，系统自动将查找的字体更改为替换的字体，如图3-74所示。

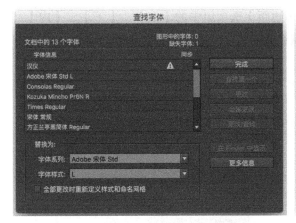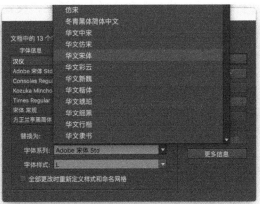

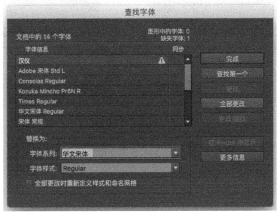

图 3-74

3.5　综合案例——喷绘作品

喷绘的幅面较大，图像可以设置较低的分辨率，作品完成后可输出为PDF格式。

知识要点提示

- 使用【段落样式】调板设置段落样式
- 使用【字符样式】调板设置字符样式
- 素材：配套资源/第3章/综合案例

操作步骤

01 执行【文件】>【新建】>【文档】命令，弹出【新建文档】对话框，将【页数】设为"1"，【宽度】设为"1580毫米"，【高度】设为"1360毫米"，单击【边距和分栏】按钮，如图3-75所示。

02 弹出【新建边距和分栏】对话框，设置【边距】选项组中的【上】、【下】、【内】、【外】均为默认值"0毫米"，【栏数】默认值"1"，单击【确定】按钮，如图3-76所示。

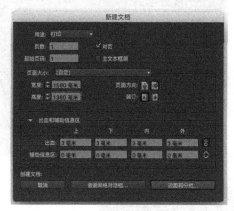

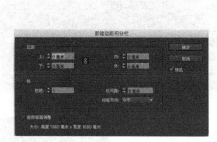

图 3-75   图 3-76

03 执行【文件】>【置入】命令，弹出【置入】对话框，打开"背胶"文件，如图3-77所示；将该文件置入页面中，如图3-78所示。

图 3-77   图 3-78

04 全选文本文字，设置其字体、字号，如图3-79所示。

图 3-79

05 将文本首行剪切，并粘贴到页面中，设置字体、字号，如图3-80所示。适当调整文本框大小，如图3-81所示。

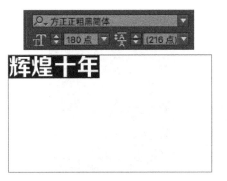

图 3-80   图 3-81

06 调出【文本框架选项】，设置内边距为"35毫米"，如图3-82所示，设置基线选项为"70毫米"，使文字处于文本框居中位置，如图3-83所示。

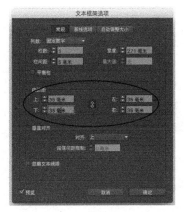

图 3-82   图 3-83

07 黑选文本，设置【段落格式控制】为"居中对齐"，如图3-84所示。设置文字颜色为"黄色"，如图3-85所示。

图 3-84   图 3-85

08 使用【选择工具】选中文本框，将其填充色设置为"红色"，如图3-86所示。

图 3-86

09 在【段落样式】调板中建立一个"大标题"样式，将字符大小设置为"200"，如图3-87
和图3-88所示。

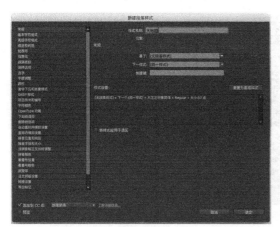

图 3-87   图 3-88

10 将文本中的前两行剪切并粘贴到页面中，对第一行文字应用"大标题"段落样式，如图3-89
所示。将两个文本框移动到合适位置，如图3-90所示。

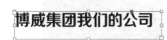

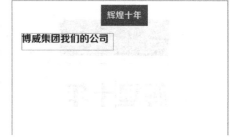

图 3-89   图 3-90

11 黑选部分文字，对其设置字号和颜色，如图3-91所示。

图 3-91

12 确定文字处于黑选状态，单击【字符样式】按钮，将文字属性储存为"字符样式1"，如图3-92所示。

图 3-92

13 剪切并粘贴第一部分文字到页面中，并调整页面中所有的文字到合适位置，如图3-93所示。

14 剪切并粘贴第二部分文字，将标题文字设置为"大标题"段落样式，如图3-94所示。

图 3-93　　　　　　　　　　　　　　图 3-94

15 黑选标题部分文字，将其字符样式设置为"字符样式1"，如图3-95所示。

16 调整文本框到合适位置，如图3-96所示。

图 3-95

图 3-96

17 同样方法设置第三部分文字，并移动到合适位置，如图3-97所示。

18 执行【文件】>【置入】命令，弹出【置入】对话框，打开"配套资源/第3章/综合案例"文件夹，将装饰图案置入页面中，复制多个并调整角度和位置，页面设计完成，如图3-98所示。

图 3-97

图 3-98

3.6 本章习题

选择题

（1）在【复合字体编辑器】对话框中不能操作的是（ 　 ）。

　　A. 汉字　　　　　　B. 单位　　　　　　C. 颜色　　　　　　D. 符号

（2）中文排版中常用的标点挤压有4种，以下不对的是（ 　 ）。

　　A. 开放式　　　　　B. 全角式　　　　　C. 开明式　　　　　D. 行末半角式

（3）在【查找/更改】对话框的5个选项卡中不包括（ 　 ）。

　　A. 文本　　　　　　B. 色板　　　　　　C. 字形　　　　　　D. 对象

第 **4** 章

图形对象绘制与应用

　　InDesign页面的图形、图像、框架都称为对象，设计师可以将
Illustrator绘制好的图形复制或置入InDesign页面中进行排版；还可以
通过基本的绘图工具绘制基本的图形效果，并通过变换工具和即时变形
工具编辑图形使其变形。

4.1 应用Illustrator图形

InDesign可以接收Illustrator绘制的图形。在Illustrator中绘制好的图形可以通过复制粘贴、直接拖曳或置入的方式导入InDesign页面中。

4.1.1 复制粘贴Illustrator图形

对于一些形状不是很复杂的图形，可以采用复制粘贴的方式导入InDesign页面中，这些图形还可以进一步进行编辑修改。

在Illustrator中打开图形文档后，使用Illustrator工具箱中的【选择工具】选中图形，然后按【Command+C】（Ctrl+C）组合键复制图形，如图4-1所示。切换到InDesign软件，新建好一个页面后按【Command+V】（Ctrl+V）组合键，图形被粘贴到页面中，如图4-2所示。使用【直接选择工具】选中图形的某个锚点然后拖曳，可以看到图形的形状发生变化，如图4-3所示。

图 4-1

图 4-2

图 4-3

4.1.2 直接拖曳Illustrator图形

Illustrator中绘制好的图形可以直接拖曳到InDesign页面中，并且该图形也可以进一步进行编辑修改。

在Illustrator中打开图形文档后，使用Illustrator工具箱中的【选择工具】在图形上按住鼠标左键，然后拖曳到InDesign图标上，如图4-4所示；当前显示切换到InDesign页面，将光标移动到页面上，然后松开鼠标左键，图形被放置到InDesign页面中，如图4-5所示。

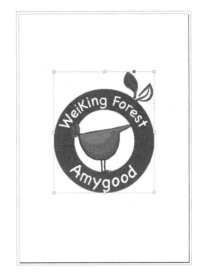

图 4-4　　　　　　　　　　　　　　　　　　　　图 4-5

4.1.3　置入Illustrator图形

在Illustrator中绘制的较为复杂的图形，采用置入的方式导入InDesign页面中是最好的方法。置入的图形不但与原图保持一致，还可以完好保留图形的矢量性，因此任意缩放该图形也不会损失品质。但是置入的图形不能随意编辑图形的锚点以修改其形状，也不能随意编辑其颜色。

在InDesign软件中执行【文件】>【置入】命令，在弹出的【置入】对话框中选择需要置入的图形文档，然后单击【打开】按钮，如图4-6所示。在InDesign页面中单击，图形被置入InDesign页面中，如图4-7所示。

图 4-6　　　　　　　　　　　　　　　　　　　　图 4-7

4.2　绘制图形

在InDesign软件中可以绘制一些简单的图形，如直线、曲线、色块等，还可以对这些图形进行描边、填充颜色、排列等操作。

4.2.1　绘制基本图形

1. 绘制直线

选择工具箱中的【直线工具】，在页面上按住鼠标左键，拖曳到合适位置松开后，绘制一条直线，如图4-8所示。按住【Shift】键拖曳可以强制使绘制的直线角度以45°递增，即可绘制水平直线、垂直直线和45°斜线，如图4-9所示。

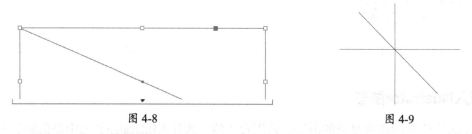

图 4-8　　　　　　　　　　　　　　　　图 4-9

2. 绘制自由线段和闭合路径

选择工具箱中的【铅笔工具】，在页面上按住鼠标左键，任意拖曳松开后，得到一条曲线，如图4-10所示。在绘制的过程中，在绘制快结束时按住【Option】（Alt）键拖曳，光标由 变为 ，松开鼠标左键后可以得到一个闭合的路径，如图4-11所示。

图 4-10　　　　　　　　　　　　　　　　图 4-11

> **ⓘ 提示**
>
> 此时绘制的曲线，其描边色和填充色由工具箱中的颜色设置控制，如图4-12所示。
>
>
>
> 图 4-12

使用【铅笔工具】绘制曲线后，按住【Option】（Alt）键，可以切换为【平滑工具】，

光标由 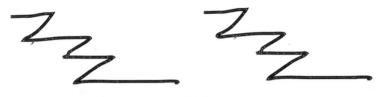 变为 ，按住鼠标左键，在锐角处不断涂抹，锐角变得平滑，如图4-13所示。

图 4-13

　　使用【铅笔工具】绘制曲线后，按住【Command】（Ctrl）键，可以在原曲线的基础上，重新绘制曲线；使用【铅笔工具】在绘制好的曲线上按住鼠标左键，然后按住【Command】（Ctrl）键，拖曳鼠标到合适位置松开，绘制完成，如图4-14所示。

图 4-14

　　双击【铅笔工具】，可以在弹出的【铅笔工具首选项】对话框中设置相关参数。【保真度】用于控制光标移动多大距离才会向路径添加新锚点，值越高，路径越平滑，复杂度越低；值越低，曲线与光标的移动越匹配，从而将生成更尖锐的角度，保真度的范围为0.5～20像素。【平滑度】用于控制使用工具时所应用的平滑量，平滑度的范围为0%～100%，值越高，路径越平滑；值越低，创建的锚点越多，保留的线条不规则度越高。【保持选定】用于确定在绘制路径后是否保持路径的所选状态；选中【编辑所选路径】复选框后，在【范围】中设置的参数用于控制与现有路径必须达到多近距离才能使用【铅笔工具】编辑路径，如图4-15所示。

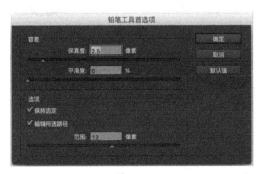

图 4-15

ℹ️ 提示

　　路径也称为"贝塞尔曲线"，路径由一个或多个直线或曲线线段组成。每个线段的起点和终点有锚点标记。路径可以是闭合的，也可以是开放的，并具有不同的端点，如图4-16所示。

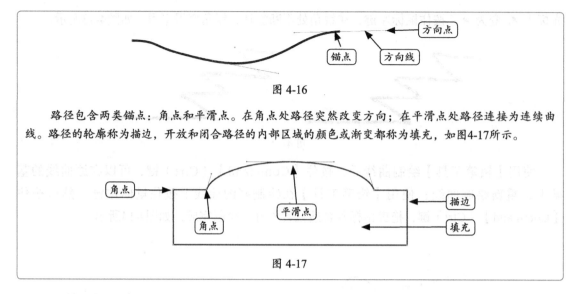

图 4-16

路径包含两类锚点：角点和平滑点。在角点处路径突然改变方向；在平滑点处路径连接为连续曲线。路径的轮廓称为描边，开放和闭合路径的内部区域的颜色或渐变都称为填充，如图4-17所示。

图 4-17

3. 绘制规则路径

使用工具箱中的【钢笔工具】 可以创建较规则的路径，【钢笔工具】可以绘制直线和曲线，并且更便于控制路径的形状。

使用【钢笔工具】绘制直线的方法是，选中【钢笔工具】，然后在页面上单击，将光标移动到合适位置，再单击，反复如上操作，即可得到多条直线路径，将光标移动到起始锚点处，光标变为 形状，单击即可闭合路径，如图4-18所示。

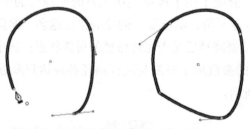

图 4-18

使用【钢笔工具】绘制曲线的方法是，在页面中单击绘制一个锚点，然后在合适的位置按住鼠标左键拖曳，到合适位置后松开，得到一条平滑曲线，反复如上操作绘制锚点，如要结束该路径绘制，按住【Command】（Ctrl）键单击页面即可，如图4-19所示。

图 4-19

使用【钢笔工具】也可以绘制带角点的曲线，在页面中绘制第一个锚点后，将光标移动到合适位置后按住鼠标左键，拖曳出一条方向线，然后将光标移动到锚点处并单击，此时一侧的方向线消失，该锚点即是角点，如图4-20所示。

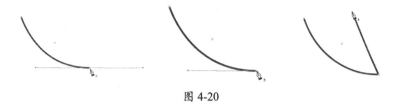

图 4-20

4.2.2 绘制形状图形

1. 绘制矩形

选择工具箱中的【矩形工具】 ▣，在页面上按住鼠标左键，拖曳到合适位置松开后，可以得到一个矩形，如图4-21所示；按住【Shift】键可以绘制一个正方形，如图4-22所示。

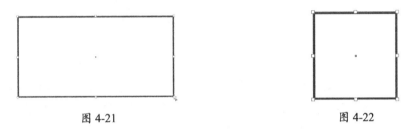

图 4-21 　　　　　　　　　　　　　　　　　图 4-22

还有一种方法可以更加精确地绘制矩形：选择工具箱中的【矩形工具】 ▣，在页面上单击，在弹出的【矩形】对话框中设置矩形的宽度和高度，即可得到一个矩形，如图4-23所示。

图 4-23

> **ⓘ 提示**
>
> 圆形绘制的方法与矩形绘制的方法一样，使用【椭圆工具】可以绘制椭圆形和圆形，如图4-24所示。
>
>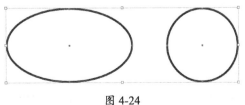
>
> 图 4-24

2. 绘制多边形

选择工具箱中的【多边形工具】，在页面上直接拖曳鼠标可绘制一个多边形，如图4-25所示。双击【多边形工具】，在弹出的【多边形设置】对话框中可以设置多边形的边数和星形内陷程度，如图4-26所示。

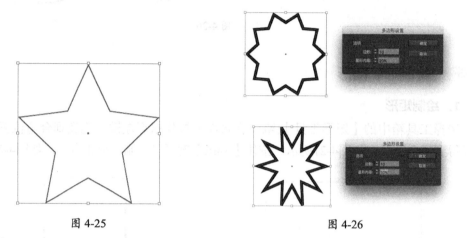

图 4-25   图 4-26

绘制多边形也可以采用更加精确的方法：选择工具箱中的【多边形工具】，在页面上单击，在弹出的【多边形】对话框中设置多边形的宽度、高度、边数和星形内陷程度，然后单击【确定】按钮，即可得到一个多边形，如图4-27所示。

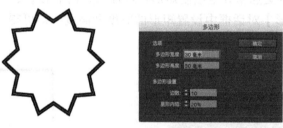

图 4-27

4.3 编辑图形

在InDesign中绘制的图形可以使用多种工具和命令对其进行编辑修改，如使用【直接选择工具】调整路径锚点以修改图形的形状、在【描边】调板中设置描边形状、使用【色板】调板为图形填充颜色等。

4.3.1 使用工具编辑图形

在InDesign中可以使用工具对已经绘制好的路径进行编辑，如在路径上添加或删除锚点、移动锚点、编辑方向线等。

1. 使用【选择工具】编辑图形

使用【选择工具】选中图形之后，可以对该图形进行移动和缩放操作。在图形上按住鼠标左键拖曳，到合适位置松开即可移动该图形，如图4-28所示。选中图形后，在框架的控制点上按住鼠标左键拖曳即可缩放图形，如图4-29所示。按住【Shift】键，可以等比缩放图形。

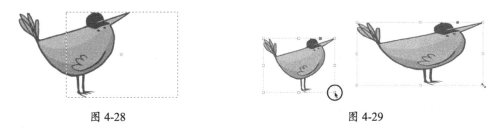

图 4-28　　　　　　　　　　　　　　　　　图 4-29

2. 使用【直接选择工具】编辑图形

使用【直接选择工具】选中图形的锚点，然后移动锚点以改变图形的形状。将光标移动到锚点上，按住鼠标左键拖曳，到合适位置松开，可以看到锚点被移动后图形形状发生改变，如图4-30所示。在按住【Shift】键的同时逐个单击锚点，可以选中多个锚点，并可以统一移动这些锚点，如图4-31所示。

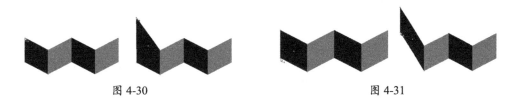

图 4-30　　　　　　　　　　　　　　　　　图 4-31

ⓘ 提示

　　使用【直接选择工具】还可以通过编辑锚点的方向线来改变图形的形状，在方向线上按住鼠标左键拖曳，可以看到图形形状发生变化，如图4-32所示。

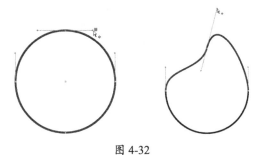

图 4-32

3. 添加或删除锚点

当路径处于选中状态，选择【钢笔工具】，将光标移动到路径上，光标变为 形状，此时单击可以在路径上添加锚点，如图4-33所示；光标变为 形状，此时单击可以在路径上删除锚点，如图4-34所示。

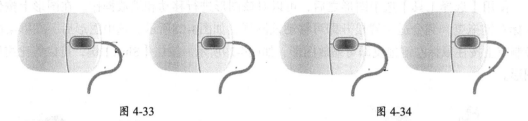

图 4-33   图 4-34

4. 转换点

使用【转换方向点工具】可以使角点和平滑点互相转换。选择该工具之后，在一个平滑点锚点上单击，该锚点被转换为角点，如图4-35所示。在一个角点上按住鼠标左键拖曳，该锚点出现对称方向线，即角点锚点被转换为平滑点，如图4-36所示。

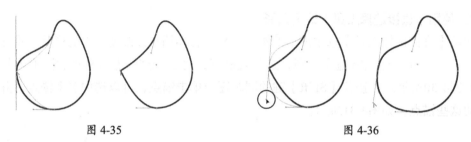

图 4-35   图 4-36

> **ⓘ 提示**
>
> 使用【转换点】命令也可以使角点和平滑点互相转换，即选中一个锚点后，执行【对象】>【转换点】子菜单中的一个命令，即可实现锚点的转换，如图4-37所示。
>
>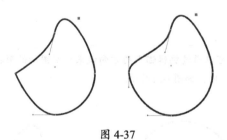
>
> 图 4-37

4.3.2 使用命令编辑图形

1. 转换形状

使用【转换形状】命令可以将图形转换为特定的图形。使用【选择工具】选中一个图形后，执行【对象】>【转换形状】子菜单中的一个命令，即可将该图形转换，如图4-38所示。

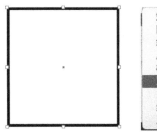

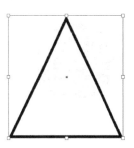

图 4-38

2. 角选项

使用【角选项】命令可以为形状图形添加角效果。选中一个图形，执行【对象】>【角选项】命令，在弹出的【角选项】对话框中可以设置角效果的大小和角效果的样式，如图4-39所示。

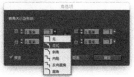

图 4-39

3. 效果

使用【效果】命令可以为图形和框架添加阴影、光泽、羽化等效果。选中一个图形，执行【对象】>【效果】子菜单中的一个命令，如【投影】命令，在弹出的【效果】对话框中设置参数，单击【确定】按钮，即可得到阴影效果，如图4-40所示。

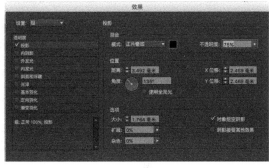

图 4-40

4. 创建复合路径

复合路径是将多个路径融合为一个路径，创建复合路径时，所有选定的路径都将成为新复合路径的子路径，并且处于下方路径的属性将应用到该复合路径上。选中多个路径或图形后，执行【对象】>【路径】>【建立复合路径】命令，可以看到多个路径被合并为一个路径，并且处于下方图形的颜色、描边粗细被应用到复合路径上，如图4-41所示。

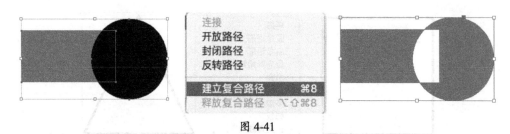

图 4-41

如果需要将复合路径转换为多个独立的路径，可在选中复合路径后，执行【对象】>【路径】>【释放复合路径】命令，复合路径被转换，并且复合路径的属性被应用到独立的路径上，如图4-42所示。

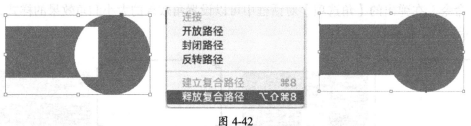

图 4-42

5. 使用【路径查找器】命令创建复合路径

使用【路径查找器】命令可以创建复合路径，该组命令与【路径查找器】调板的按钮一一对应。打开【对象】>【路径查找器】子菜单，可以看到【添加】、【减去】、【交叉】、【排除重叠】、【减去后方对象】等命令；执行【窗口】>【对象和版面】>【路径查找器】命令，可以打开【路径查找器】调板，如图4-43所示。应用该组命令的效果如图4-44所示。

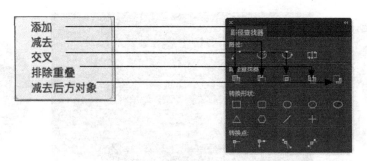

图 4-43

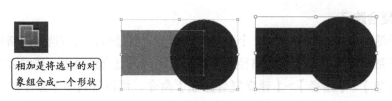

图 4-44

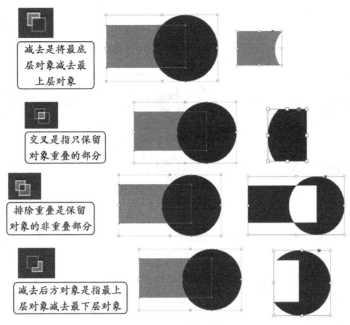

图 4-44（续）

6. 描边

使用【描边】调板可以将描边设置应用于路径、形状、文本框和文本轮廓，以便于控制描边的粗细和外观。选中路径或框架后，还可以在【描边】调板中设置描边样式。

（1）使用【描边】调板设置描边效果。

执行【窗口】>【描边】命令，打开【描边】调板，如图4-45所示，使用【描边】调板可以对描边的样式进行编辑修改，如粗细、线形等。

粗细用于控制路径的宽度，数值越大，路径描边越粗，如图4-46所示。

图 4-45　　　　　　　　　　　　　　　图 4-46

在【描边】调板中可以设置路径端点的外观，即设置线段两端的外观，外观包括【平头端点】、【圆头端点】和【投射末端】，如图4-47所示。

还可以设置路径连接的外观，即设置路径在角点处的外观，外观包括【斜接连接】、【圆角连接】和【斜面连接】，如图4-48所示。

也可以设置描边应用在路径的位置，位置包括【描边对齐中心】、【描边居内】和【描边居外】，如图4-49所示。

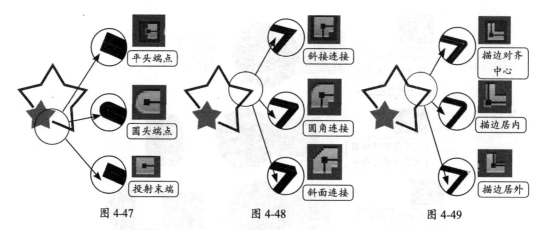

图 4-47　　　　　　图 4-48　　　　　　图 4-49

通过【描边】调板对路径设置类型、起点、终点、间隙颜色和色调，可以得到更加丰富的描边效果。在【类型】下拉列表中有多款描边类型，包括实线、虚线和点线3种类型，选择其中的一个即可将此种类型添加到选中的路径上，如图4-50所示。

【起点】和【终点】可以为线段的两个端点添加箭头效果，【间隙颜色】和【间隙色调】则用于设置线段中间隙的颜色和色调，如图4-51所示。

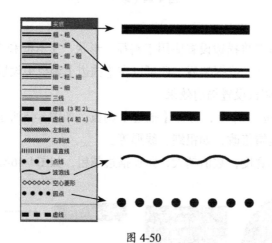

图 4-50

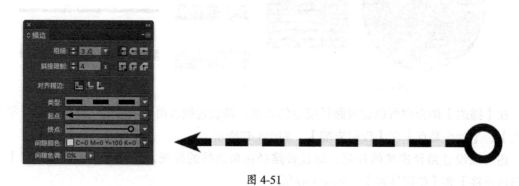

图 4-51

（2）使用【描边】调板设置描边样式

在【描边】调板中可以根据要求设置描边样式，这样设置的描边样式效果更加灵活，并且设置的描边样式存储在【类型】下拉列表中，可以方便地应用到路径上。单击【描边】调板右侧的黑三角按钮，在弹出的快捷菜单中执行【描边样式】命令，如图4-52所示。在弹出的【描边样式】对话框中单击【新建】按钮，如图4-53所示。弹出【新建描边样式】对话框，在【名称】文本框中输入文字为描边样式命名，在【类型】下拉列表中选择条纹、点线或虚线，如图4-54所示。

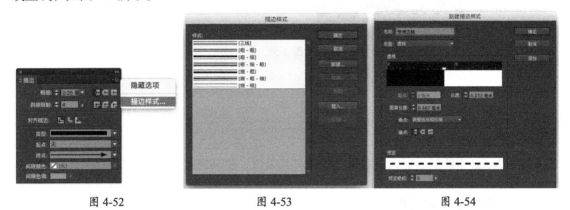

图 4-52　　　　　　　　图 4-53　　　　　　　　图 4-54

在【类型】下拉列表中选择描边类型后，对话框下方将出现该种类型的设置选项。可以通过拖曳标尺栏的滑块控制线段的长度，滑块为蓝色表示当前选中该滑块，如图4-55所示。在标尺的空白处拖曳，可以创建多个线段，若需删除这些线段，将光标移动到线段上拖曳到标尺外即可，如图4-56所示。

图 4-55　　　　　　　　　　　　　图 4-56

【新建描边样式】对话框中的【图案长度】文本框用于设置标尺的刻度，如图4-57所示；还可以在【角点】下拉列表中选择角点种类并设置端点类型，如图4-58所示。单击【确定】按钮返回【描边样式】对话框，再单击【确定】按钮即可完成设置。

图 4-57

图 4-58

4.4 编辑对象

在InDesign中绘制或置入的对象，可以对其编辑，使其更符合版面需要。

4.4.1 锁定或解锁对象

使用【锁定】命令可以锁定特定对象，使其不能在页面中移动，当存储并关闭文档后重新打开文档时，锁定对象将始终保持为锁定状态。只要对象处于锁定状态，就无法选择和移动，但是若取消选中【常规】首选项中的【阻止选取锁定的对象】复选框，则可以选中锁定的对象，然后更改对象颜色等属性。

使用【选择工具】选中要将其锁定在原位的一个或多个对象，执行【对象】>【锁定】命令即可完成锁定，当对象被锁定时，对象框架将不再显示，如图4-59所示。右键单击对象，在弹出的快捷菜单中执行【锁定】命令也可完成锁定操作，如果执行【视图】>【其他】>【显示框架边缘】命令，此时对象的左上方会出现一个锁定图标，如图4-60所示。

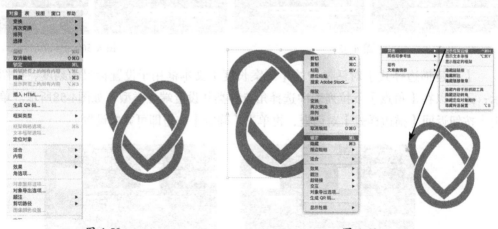

图 4-59　　　　　　　　　　　　　　　　　图 4-60

要解锁当前跨页上的对象，执行【对象】>【解锁跨页上的所有内容】命令即可，如图4-61所示。将光标移动到锁定图标上，光标会变为 形状，此时单击对象也可解锁，如图

4-62所示。

图 4-61　　　　　　　　　　　　　　　　　　　　图 4-62

4.4.2　编组或取消编组对象

使用【编组】命令可以将几个对象组合为一个组，以便它们可以作为一个单元被处理，如移动或变换这些对象，不会影响它们各自的位置或属性。选中多个对象，执行【对象】>【编组】命令，这些对象被编组，如图4-63所示。如果需要将已编组的对象拆分成独立对象，执行【对象】>【取消编组】命令即可。

选中需要编组的对象，然后右键单击，在弹出的快捷菜单中执行【编组】命令，也可以将对象编组，如图4-64所示。在编组的对象上右键单击，在弹出的快捷菜单中执行【取消编组】命令即可拆分编组对象，如图4-65所示。

图 4-63

图 4-64

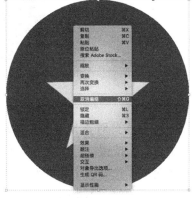

图 4-65

> **🛈 提示**
>
> 单独的对象可以与已编组的对象再进行编组，得到的编组对象在拆分的时候，最后编组的对象先被拆分。

4.4.3 排列对象

重叠的对象是按它们创建或导入的顺序进行堆叠的，可以使用【排列】命令更改对象的重叠顺序。例如，选中最上面的图形对象，然后执行【对象】>【排列】>【置为底层】命令，可以看到此对象被放置到其他图形的最下方，如图4-66所示。

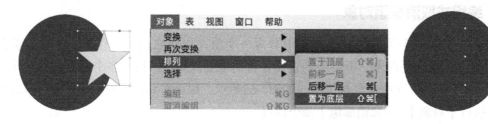

图 4-66

4.4.4 对齐对象

使用【对齐】命令可以强制选中对象以某种方式对齐，执行【窗口】>【对象和版面】>【对齐】命令，打开【对齐】调板，在【对齐】调板中有3个选项组，分别是【对齐对象】、【分布对象】和【分布间距】，每个选项组都可以大致分为纵向和横向两种，如图4-67所示。在纵向和横向中只能分别选中一个进行设置。

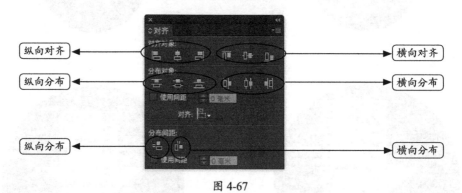

图 4-67

当选中所有需要对齐分布的对象后，在【对齐】调板中分别单击【水平居中对齐】和【垂直居中对齐】按钮，可以看到图形的对齐效果，如图4-68所示。

【对齐对象】选项组中纵向对齐各个按钮所对应的排列效果如图4-69所示，横向对齐的效果与纵向对齐相似，不再图示。

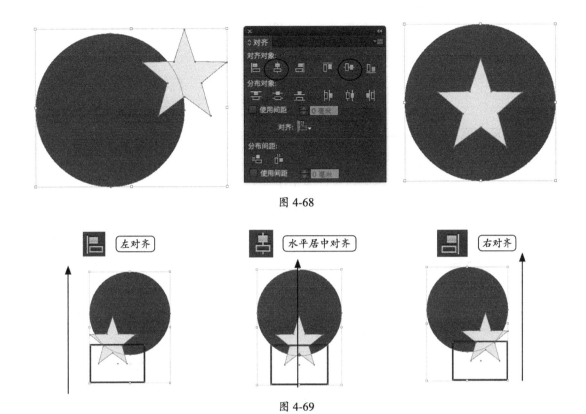

图 4-68

图 4-69

【分布对象】选项组可以控制对象之间按某个间距来平均分布，其中纵向分布各个按钮所对应的排列效果如图4-70所示，横向分布的效果与纵向分布相似，不再图示。

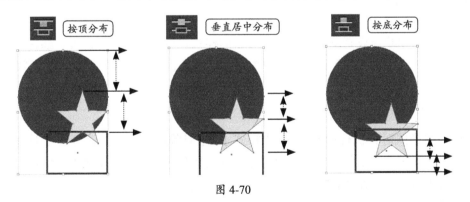

图 4-70

选中【分布对象】选项组中的【使用间距】复选框并设置参数，各个对象将被强制以参数值来分布。在【分布对象】选项组下的下拉列表中还可以选择【对齐选区】、【对齐关键对象】、【对齐边距】、【对齐页面】和【对齐跨页】选项，如图4-71所示。

【分布间距】选项组中有两个按钮，分别是用于设置每个对象垂直距离相等的【垂直分布间距】和设置每个对象水平距离相等的【水平分布间距】，如图4-72所示。如果选中【使用间距】复选框并设置参数，对象的间距将以参数值分布。

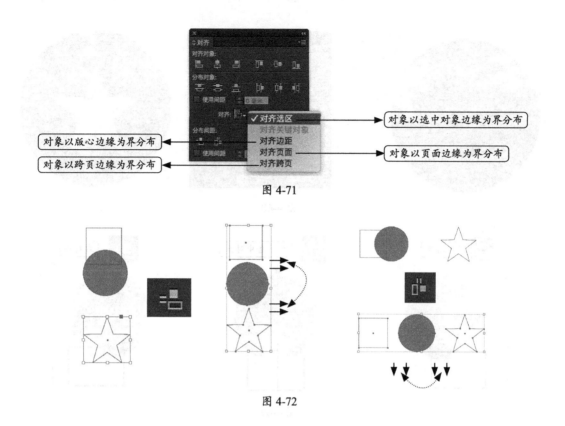

图 4-71

图 4-72

4.5 对象样式

对象样式可以快速设置图形、框架等对象的样式，对象样式包括描边、颜色、透明度、投影、段落样式、文本绕排等设置，可以为对象、填色、描边和文本指定透明度效果。

4.5.1 创建对象样式

创建对象样式时，执行【窗口】>【样式】>【对象样式】命令，打开【对象样式】调板，在【对象样式】调板快捷菜单中执行【新建对象样式】命令，如图4-73所示。弹出【新建对象样式】对话框，如图4-74所示。

在【常规】选项区域中可以设置【样式名称】，如"描边"，如果创立的对象样式基于其他的对象样式，可在【基于】下拉列表中选择要基于的对象样式，如图4-75所示。选择调板左侧的【描边】选项，打开【描边】选项区域，可以设置描边属性，如图4-76所示。在【新建对象样式】对话框左侧，有【基本属性】和【效果】两组列表框，用同样的方法可以设置这两组列表框中的子选项，设置完毕后，单击【确定】按钮，在【对象样式】调板中出现新建的对象样式"描边"，如图4-77所示。

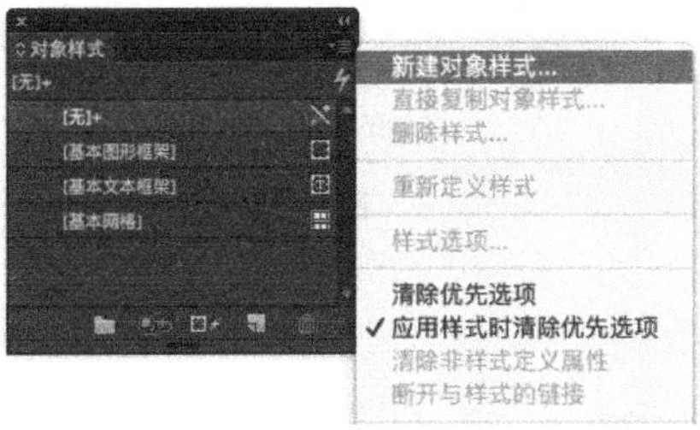

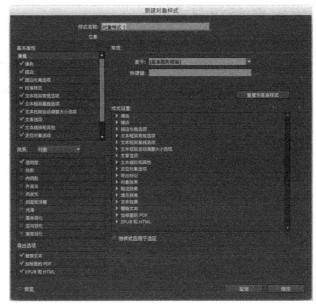

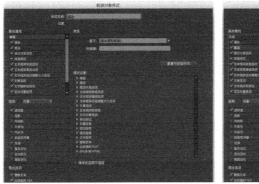

图 4-73

图 4-74

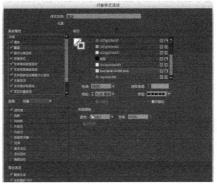

图 4-75

图 4-76

图 4-77

4.5.2　应用对象样式

　　选择需设置的对象，在【对象样式】调板中单击新建的对象样式【描边】，被选中的对象应用【描边】对象样式，如图4-78所示。

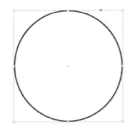

图 4-78

4.5.3 删除对象样式

要删除对象样式，可以选中对象样式，然后单击【对象样式】调板下方的【删除选定样式】按钮，如图4-79所示。弹出【删除对象样式】对话框，如图4-80所示。在【并替换为】下拉列表中默认选中的是【无】对象样式，也可以选择要替换为的对象样式，如图4-81所示。设置完毕后，单击【确定】按钮，删除对象样式。

图 4-79

图 4-80

图 4-81

4.5.4 实战案例——自造生僻字

在实际工作中，经常会碰到生僻字或某种字形不能应用到文本上的情况，此时可将文本转路径后，通过修改、编辑、组合，得到该生僻字，也称为造字。

操作步骤

01 在页面中输入文字，选择字体、字号后可以看到一些生僻字不能应用此字体，该生僻字需要造字，如图4-82所示。

图 4-82

02 输入带有该生僻字偏旁部首的文字，并设置字体字号，如图4-83所示。

03 选中文本框，执行【文字】>【创建轮廓】命令，将文字转曲，如图4-84所示。

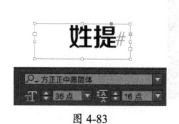

图 4-83

图 4-84

04 使用【直接选择工具】框选不需要的部分，将其删除，留下需要的部分，如图4-85和图4-86
所示。

图 4-85 　　　　　　　　　　　　　　　　　　图 4-86

05 使用【直接选择工具】框选右侧部分，按【Command+X】（Ctrl+X）组合键，在合适位置
按【Command+V】（Ctrl+V）组合键，使用【直接选择工具】选中该部分，并将其移动到
合适位置，如图4-87所示。造字完成，如图4-88所示。

图 4-87 　　　　　　　　　　　　　　　图 4-88

4.6　综合案例——Banner设计

Banner是一种常见的设计产品，通常应用于电脑端网页和手机端软件的展示，因此图像
的分辨率设置为72ppi或96ppi即可。

> **知识要点提示**

- 💧 描边、色板
- 💧 路径查找器
- 💧 素材：配套资源/第4章/综合案例

操作步骤

01 执行【文件】>【新建】>【文档】命令，弹出【新建文档】对话框，在对话框中将【页
数】设为"1"，【宽度】设为"340毫米"，【高度】设为"110毫米"，单击【边距和分
栏】按钮，如图4-89所示。弹出【新建边距和分栏】对话框，使用默认值，单击【确定】按
钮，如图4-90所示。

02 选择工具箱中的【矩形工具】，在页面中拖曳到合适位置使其占满整个页面，打开【色
板】调板，用"黄色"填充矩形，如图4-91所示。

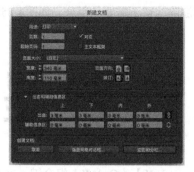

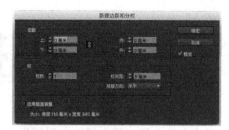

图 4-89   图 4-90

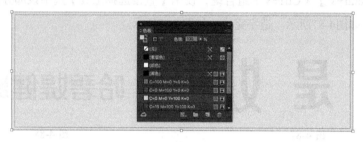

图 4-91

03 使用【钢笔工具】绘制一个形状，然后填充"蓝色"，如图4-92所示。

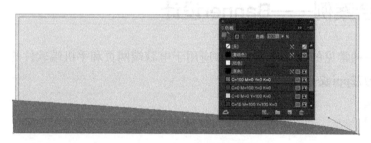

图 4-92

04 将素材分别复制粘贴到页面中，并调整好位置，如图4-93所示。

图 4-93

05 使用【椭圆工具】绘制一个椭圆形，如图4-94所示，使用【钢笔工具】绘制一个尖角形状，如图4-95所示。

06 使用【选择工具】选中这两个形状，单击【路径查找器】中的【相加】按钮，如图4-96所示；形状发生变化，如图4-97所示；填充"黑色"，如图4-98所示。

图 4-94

图 4-95

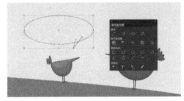

图 4-96

图 4-97

图 4-98

07 复制该形状，然后单击【属性栏】中的水平翻转按钮 ，效果如图4-99所示。

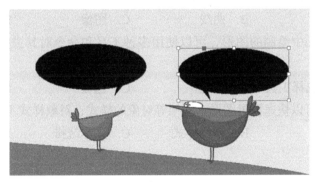

图 4-99

08 在页面中输入文字，并设置文字属性，然后移动到合适位置，如图4-100所示。

图 4-100

09 输入广告文字，调整文字属性，并移动到合适位置，如图4-101所示。

图 4-101

4.7 本章习题

选择题

（1）在InDesign中可以绘制一些简单的图形，其中不包括（　　）。

    A. 直线　　　　　　B. 曲线　　　　　　C. 图像　　　　　　D. 色块

（2）在InDesign中绘制的图形，可以使用多种工具和命令对其进行编辑修改，其中不包括（　　）。

    A. 直接选择工具　B. 描边　　　　　　C. 色板　　　　　　D. 剪切

（3）对象样式可以快速设置图形、框架等对象的样式，对象样式不包括（　　）。

    A. 颜色　　　　　　B. 字符样式　　　　C. 文本绕排　　　　D. 投影

第5章

图像和框架

InDesign支持置入多种图像格式，在应用这些导入的图像时，要正确认识图像和框架的关系；InDesign也可以对图像进行简单处理，并提供了便捷的图像管理功能。

5.1 图像基础知识

InDesign CC主要应用在排版与版式设计领域，因此并不提供复杂的图像处理功能，但是InDesign可以接收其他软件处理的图像。在InDesign中，用户可以根据不同的作品需求导入各种图像，这需要用户对各种图像的格式、颜色模式等有所了解。本节介绍图像的基础知识，如图像格式、图像的颜色模式等。

5.1.1 图像格式

在InDesign中可以导入多种图形和图像文件格式，如主要用于印刷输出的AI、EPS、TIFF、JPEG、PDF、PSD 等格式和主要用于网络输出的GIF、BMP等格式，这些图像格式的特点如图5-1所示。

AI和EPS格式
Adobe公司的Illustrator软件可以输出矢量图形文件的格式，如常用的AI和EPS格式，这些矢量图形格式可以复制并粘贴到InDesign页面中，也可以置入页面中

PSD格式
PSD是Adobe公司的图像处理软件Photoshop的专用格式；这种格式可以存储Photoshop中所有的图层、通道、参考线、注解和颜色模式等信息，该格式是InDesign最常导入的图像格式

TIFF格式
TIFF是一种比较灵活的图像格式，文件扩展名为TIF或TIFF；该格式支持256色、24位真彩色等多种色彩位，同时支持RGB、CMYK等多种颜色模式，并支持多平台

JPEG格式
JPEG直译为联合图像专家组，支持真彩色；它是带有压缩的一种文件格式，可以设置压缩的数值，由于此格式压缩会损失图像的质量，所以用于印刷的图像最好不要使用该格式

PDF格式
PDF是可移植文件格式。PDF阅读器Adobe Reader专门用于打开后缀为.PDF的文档；另外，PDF文件包含电子文档搜索和导航功能（如电子链接）

GIF和BMP格式
GIF是一种压缩的8位图像文件格式，文件体积较小，但缺点是不能用于存储真彩色的图像文件；BMP是Windows操作系统中的标准图像文件格式，能够被多种Windows应用程序支持

图 5-1

5.1.2 图像颜色模式

置入InDesign页面中的图像，最常用到的4种颜色模式分别是RGB颜色模式、CMYK颜色模式、灰度颜色模式和位图颜色模式，这些颜色模式可以在Photoshop中根据不同的用途进行设置。

1. RGB与CMYK颜色模式

RGB颜色模式的图像主要用于屏幕显示和网络传播，CMYK颜色模式的图像则用于印刷输出。RGB颜色模式的颜色范围要大于CMYK颜色模式，所以RGB颜色模式能够表现更多的颜色，而这些颜色在印刷时是难以印出来的。因此如果确定利用InDesign排版设计的文件用

于印刷，在Photoshop中最好将RGB颜色模式的图像转换为CMYK颜色模式，这样才能更好地控制图像的印刷质量。

2. 灰度与位图颜色模式

灰度与位图颜色模式也是常见的图像颜色模式，灰度颜色模式是以从白色到黑色范围内的256个灰度级来显示图像，如图5-2所示。而位图颜色模式只有两种颜色——黑色和白色来显示图像，如图5-3所示。由于灰度图比位图颜色过渡更自然，所以如果图像用于非彩色印刷而又需要表现图像的阶调，可以使用灰度颜色模式；如果图像只有黑和白而不需要表现阶调层次，就用位图颜色模式。

图 5-2

图 5-3

5.1.3　图像分辨率

图像是由像素组成的，在单位长度中包含的像素数量就是分辨率。常用的分辨率单位是ppi，即每英寸中包含的像素数量。理论上单位长度内的像素越多，即分辨率越高，图像的质量越好，该图像文档体积也越大。图像的输出目的不同，需要设置的分辨率也不同，下面将介绍输出喷绘、写真、网页、手机和印刷品的图像分辨率的通用规格。

1. 喷绘和写真

喷绘通常是指户外大幅面广告，因为它输出的画面很大，如果图像分辨率设置过高，计算机运行就很慢，因此通常分辨率设置范围为12～72ppi，如图5-4所示。写真通常用于室内展览或展示，其输出画面较小，因此分辨率设置范围为72～120ppi，如图5-5所示。

图 5-4

图 5-5

2. 网页和手机

网页和手机上的图像仅用于屏幕显示，并不需要太高的精度，因此用于网页和手机上的图像分辨率一般在72ppi即可，如图5-6所示。

图 5-6

3. 印刷品

用于印刷品的图像分辨率要求较高，根据不同的印刷品种类对纸张的要求不一样，其分辨率要求也不一样，如使用新闻纸印刷的报纸图像分辨率通常设置在200～266ppi之间，彩色书刊通常为300ppi，高档画册通常为350～400ppi，如图5-7所示。

图 5-7

ⓘ 说明

矢量图形是使用直线、曲线来描述的一种图像类型，这些直线和曲线都是通过数学计算公式获得的。由于图形组成的最小单元不是像素，所以图形是不需要设置分辨率的，通常使用图形专业软件，如Illustrator，绘制得到图形。图形文档体积较小，颜色比较单一，可以任意缩放且不会损失图像质量，如图5-8所示。

位图图像也称为点阵图、栅格图像或像素图，它是由多个像素点组成的，当图像被放大后，可以看见无数个构成图像的像素点，通过相机或者手机拍照得到的图像都为图像文档。图像文档体积较大，色彩丰富，颜色过渡自然，对图像进行缩放会影响图像质量，如图5-9所示。

图 5-8   图 5-9

5.2　导入图像

其他图像处理软件编辑好的图像，可以通过多种方式导入InDesign页面中，最常用的是拖曳方式和置入方式。

5.2.1　拖曳方式

InDesign支持从文件夹中将图像文档直接拖曳到页面中，并且可以将多张图像一次导入页面中。方法是打开文件夹，选中多张图像文档，然后将它们向InDesign页面中拖曳，如图5-10所示。当光标变为导入图像光标时，按住【Command+Shift】（Ctrl+Shift）组合键在页面中单击，多张图像被导入页面中，如图5-11所示。

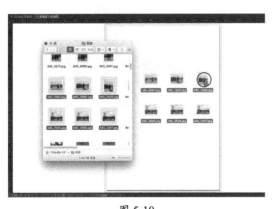

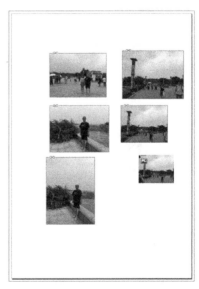

图 5-10   图 5-11

使用拖曳方式导入图像，如果页面中已经放置了一张图像，将导入图像拖曳到已有的图像上，单击可以替换掉原有的图像，如图5-12所示。

图 5-12

5.2.2 置入方式

通过置入的方式将图像导入InDesign页面中是最规范的操作，可以置入单张图像或者一次置入多张图像。方法是执行【文件】>【置入】命令，在弹出的【置入】对话框中选择需要置入的图像文档，单击【打开】按钮，如图5-13所示。当光标变为置入图标时，在页面中单击，即可将图像导入页面中，如图5-14所示。

图 5-13   图 5-14

在【置入】对话框中选中【显示导入选项】复选框，单击【打开】按钮之后会根据所选的图像格式弹出不同的设置对话框，在对话框中可以设置图像的置入参数，如图5-15所示。

在【置入】对话框中选中【替换所选项目】复选框，若置入前选中了图像，则新置入的图像将替换掉选中的图像；选中【创建静态题注】复选框可以将图像信息一并置入页面中，如文件的名称；置入的对象为文字时选中【应用网格格式】复选框，可以显示置入文字的文本框网格。

> **ⓘ 提示**
>
> 如果在选取置入图像后，要取消置入操作，按【Esc】键即可。

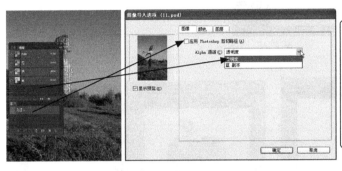

PSD格式的【图像导入选项】对话框中包括3个选项卡，在【图像】选项卡中可以应用在Photoshop中绘制的剪切路径，剪切路径外的图像将不显示，还可以应用在Photoshop中建立的Alpha通道，通道中黑色区域的图像将被屏蔽；在【颜色】选项卡中可以重新选择图像的颜色配置文件；在【图层】选项卡中可以显示或隐藏某些图层

TIF、JPG、BMP、GIF格式的【图像导入选项】对话框包括【图像】和【颜色】选项卡，只是没有针对图层设置的选项卡，其中的设置内容与PSD格式一致

PDF格式的【置入PDF】对话框中的左侧【预览】区会显示图像的缩略图，在缩略图下方可以选择预览PDF文档的某个页面，在【页面】选项组中可以选择置入文档的页面数量，在【选项】选项组中可以设置置入文档的裁切区域，并可设置是否以透明背景效果置入

图 5-15

5.2.3 其他方式获取图像

可直接复制第三方软件的图像，然后粘贴到页面中，如从Photoshop中直接复制图层中的图像，如图5-16所示。

也可直接将Photoshop中图层的图像拖曳到页面中，如图5-17所示。

InDesign支持将文档中的图像复制到页面中，如图5-18所示。

图 5-16

图 5-17

图 5-18

5.3 编辑图像

　　InDesign提供一些简单编辑图像的命令，如移动、缩放、添加对象效果等操作，在编辑图像之前需要了解图像与框架之间的关系。

5.3.1　图像与框架的概念

图像和框架可以很形象地形容它们之间的关系，框架是容器，图像作为内容被装在框架这个容器中，如图5-19所示。

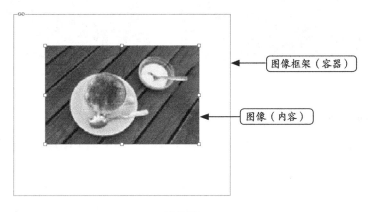

图 5-19

5.3.2　图像与框架的关系

图像与框架有时候很难区分清楚，当需要针对性地操作图像或框架时，需要先学会如何选中它们。

1. 使用工具选中框架或图像

使用【选择工具】单击图像，可以选中框架，如图5-20所示。使用【直接选择工具】单击图像，可以选中框架中的图像，此时图像定界框会显示在页面中，如图5-21所示。

图 5-20　　　　　　　　　　　　　　　　图 5-21

> **ⓘ 提示**
>
> 　　使用【选择工具】在图像上双击，可以选中框架中的图像。在页面中框架显示为"蓝色"，图像定界框显示为"褐色"。

2. 使用选项栏选中框架或图像

单击工具选项栏中的按钮█或█，可以在框架和图像之间切换选择，如图5-22所示。

图 5-22

3. 使用手形抓取工具选中图像

使用【选择工具】在图像的手形抓取工具处单击，即可选中图像，如图5-23所示。

图 5-23

> **①提示**
>
> 　　在对图像进行编辑时需要区分清楚选中的是图像还是框架，使用【选择工具】在图像上单击，可以看到图像四周出现一个框架定界框，此时选中的是图像的框架，如图5-24所示；使用【直接选择工具】在图像上单击，此时图像的四周会出现一个图像定界框，此时选中的是图像，如图5-25所示。
>
>
>
> 　　　　图 5-24　　　　　　　　　　　　　图 5-25

当使用【选择工具】选中框架之后，可以移动框架，此时图像也会随之移动，如图5-26所示。用【选择工具】单击图像，然后使用【直接选择工具】在框架上按住鼠标左键拖曳，可以单独移动框架，图像不随之移动，如图5-27所示。

图 5-26　　　　　　　　　　　　　　　　　图 5-27

　　使用【选择工具】和【直接选择工具】拖曳框架定界框可以调整框架大小，该操作常用于裁剪图像，使用【选择工具】在框架定界框上按住鼠标左键并拖曳，松开鼠标左键可以看到框架大小发生变化，如图5-28所示。

　　使用【直接选择工具】选中框架锚点并拖曳，松开鼠标左键可以看到框架形状发生变化，如图5-29所示。

图 5-28　　　　　　　　　　　　　　　　　图 5-29

　　当框架被调整后，图像与框架不适合，可以通过【适合】命令调整图像或框架大小使其适合，使用【选择工具】选中图像的框架，执行【对象】>【适合】子菜单中相应命令即可，如图5-30所示。

图 5-30

　　如果需调整图像和框架的适合度，也可以通过单击控制栏中的【适合】按钮使其适合，如图5-31所示。

【按比例填充框架】可以使图像等比例填满框架，超出框架的部分将被框架裁剪

【按比例适合内容】可以使图像等比例完全显示在框架中，此时图像可能不会填满框架

【内容适合框架】可以使图像填满框架，但图像可能会变形

【框架适合内容】通过调整框架使之适合图像

【内容居中】调整图像使其移动到框架的中心位置

图 5-31

5.3.3 编辑图像与框架

1. 将图像置入框架内

将图像置入框架内有两种方法，一是在置入图像时，在页面的图形或框架中单击鼠标左键，可直接将图像置入图形中，此时图形转变为图像框架，如图5-32所示。

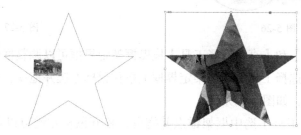

图 5-32

二是将图像复制后，粘贴进图形或框架中，如图5-33所示。

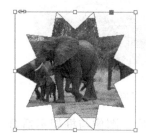

图 5-33

2. 旋转图像与框架

使用【选择工具】选中框架后，选择工具箱中的【旋转工具】，在图像上按住鼠标左键并拖曳，松开鼠标左键即可旋转图像与框架，如图5-34所示。

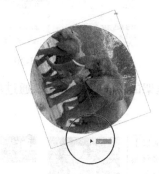

图 5-34

选择工具箱中的【旋转工具】后，在页面中单击，定位一个固定点，可以使图像以此旋转固定点为轴进行旋转，如图5-35所示。

图 5-35

使用选项栏中的特定按钮，可以旋转或翻转图像与框架，如图5-36所示。

图 5-36

3. 缩放图像与框架

缩放图像是最常用到的操作之一，在工具箱中选择【缩放工具】 ，在图像上按住鼠标左键并拖曳，可以看到图像与框架被缩放，如图5-37所示。

图 5-37

如果需要等比缩放图像，在控制栏的"缩放百分比"中激活【约束缩放比例】按钮，然后输入数值，按【Return】（Enter）键，图像即可等比缩放，如图5-38所示。

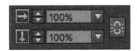

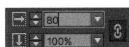

图 5-38

使用快捷键配合鼠标可以更方便地缩放图像。方法是使用【选择工具】选中图像后，按住【Command+Shift】（Ctrl+Shift）组合键后拖曳框架定界框，可以看到图像与框架被等比缩放，如图5-39所示。按住【Command】（Ctrl）键拖曳框架定界框，图像可以非等比进行缩放，如图5-40所示。

图 5-39　　　　　　　　　　　　　　　　　图 5-40

4. 切变图像与框架

选中框架之后，在工具箱中选择【切变工具】，在图像上拖曳，可以看到框架和图像产生切变效果，如图5-41所示。

图 5-41

5.4　管理图像

在InDesign页面中导入多张图像后，为了能够更好地控制编辑这些图像，需要对图像进行有效的管理，InDesign可以非常便捷地管理大量的图像。

5.4.1　控制图像的显示性能

为了加快显示速度，导入InDesign页面中的图像默认显示为"典型显示"，即图像显示为马赛克效果，此种效果只用于显示，不影响图像的印刷效果和输出效果，在InDesign中可以调整图像的显示方式。执行【视图】>【显示性能】命令，在其子菜单中可以选择3种显示方式以显示整个文档中的所有图像。【快速显示】将图像以灰色色块显示，该显示效果速度最快；【典型显示】以低分辨率效果即马赛克效果显示图像；【高品质显示】以高分辨率方式显示图像，该显示方式的图像效果最清晰，但是显示速度也最慢，因此除非要仔细观察图像，否则不建议在该显示方式下排版，如图5-42所示。

图 5-42

InDesign也可以对某个单独对象的显示性能进行设置，使用【选择工具】选中图像后，执行【对象】>【显示性能】子菜单中的命令，可以设置单个图像对象的显示效果，如图5-43所示。

图 5-43

在【视图】>【显示性能】子菜单下方还有两个命令，只有执行【允许对象级显示设置】命令，才能针对单独的对象进行显示性能的设置，执行【清除对象级显示设置】命令可以清除单个对象的显示性能，使其以文档显示性能来显示图像效果。

如果需要修改显示性能的默认设置，可以执行【编辑】>【首选项】>【显示性能】命令，在弹出对话框的【选项】选项组中可以设置默认视图的显示性能，如设置【默认视图】为【高品质】，那么在InDesign中打开和新建的文档都将以高品质清晰显示图像；在【调整视图设置】选项组中可以分别对3种显示方式进行设置，如选择【快速】方式后将【栅格图像】滑块拖曳到最右侧，那么图像的快速显示方式将以高品质清晰显示图像。【灰条化显示的阈值】用于设置文字的显示方式，当以100%比例显示文档的时候，小于设置阈值的文字将以灰色块方式显示，如图5-44所示。

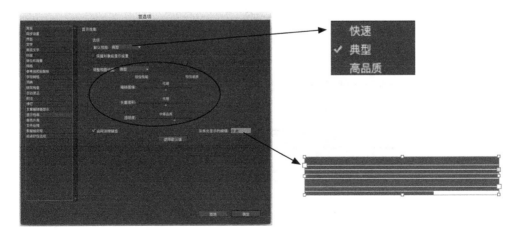

图 5-44

5.4.2 链接图像和嵌入图像

导入InDesign页面中的图像以两种状态存在于文档中，一种是链接的状态，此类图像称为链接图像；一种是嵌入的状态，此类图像称为嵌入图像。

链接图像与文档保持独立，导入页面中的图像仅是该图像缩略图的替身，当文档要以高品质显示或印刷输出时，文档会去查找原始图像并与该原始图像进行链接，这样才能保证图像的高品质输出，如图5-45所示。使用链接图像是一种先进的方式，该方式得到的文档较小，因此打开和存储文档速度很快，并且当编辑原始图像时，不需要将图像重新导入，链接图像会显示和提示图像发生变化；要使文档能查找到原始图像以建立链接，不能任意更改图像的存放位置，否则丢失链接后图像不能以高品质输出。

嵌入图像会将图像本身导入文档中，该方式得到的文档不需要与原始图像建立链接，即可进行高品质显示和输出印刷，如图5-46所示。该方式得到的文档较大，并且当使用Photoshop重新编辑图像后，需要将页面中的图像删除及重新导入图像。图像的链接状态和嵌入状态，可以通过【链接】调板进行切换。

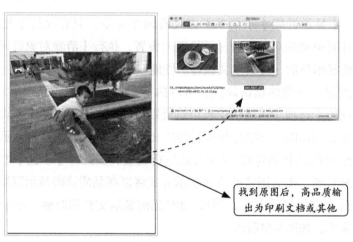

图 5-45

图 5-46

链接图像与嵌入图像的优缺点如下。

（1）链接图像文档较小，打开和编辑页面速度较快，页面越多，速度越明显。

（2）链接图像可以方便调整修改原图，如在Photoshop中重新合成图像。

（3）链接图像输出必须链接到原图，如找不到原图，则不能高品质输出。

5.4.3　使用【链接】调板管理图像

1.【链接】调板

【链接】调板用于管理导入InDesign文档中的图像，导入的图像会分列在【链接】调板中，使用【链接】调板可以完成查阅图像信息、链接图像、修改图像状态等操作。

执行【窗口】>【链接】命令，即可打开【链接】调板，【链接】调板中蓝显的条目是当前选中的图像，并且在【链接信息】栏中显示该图像的所有信息，如图像的色彩空间、有效ppi等。在【链接】调板中的上方是图像管理区，下方是图像信息区。图像管理区用来管理所有的链接图和嵌入图，这些图像都以条目的形式分列在图像管理区的中部。图像管理区中的图像条目分为3部分，左侧是状态，用于表示该图像与原始图像的链接关系；中部是图像的名称；右侧是图像所处的页面，如图5-47所示。

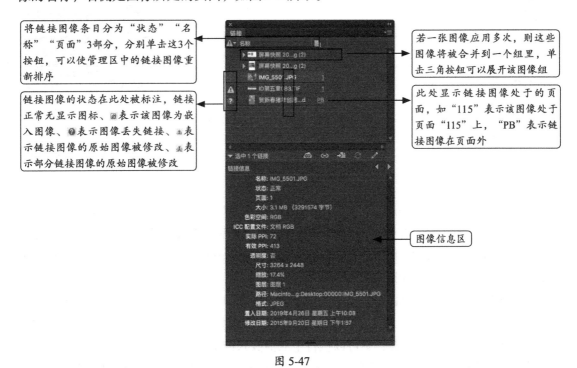

图 5-47

2.应用【链接】调板

当链接图像的原始图像丢失或被修改，一定要使其恢复链接才能正常输出印刷。当文档中的链接图像丢失或修改了原始图像，在打开时会自动弹出提示对话框，单击【更新链接】按钮可重新链接原图，如图5-48所示；若文档仅仅丢失图像，则弹出如图5-49所示的对话框，单击【确定】按钮，然后到【链接】调板中进行设置。

图 5-48   图 5-49

修复丢失链接图像的方法是在【链接】调板丢失链接图的栏上选中该图像，单击【链接】调板右侧的黑三角按钮，在弹出的快捷菜单中执行【重新链接】命令，如图5-50所示。在弹出的【定位】对话框中找到原始图像，单击【打开】按钮，可以看到链接图像的图标消失，如图5-51所示。

图 5-50   图 5-51

更新链接的方法是在【链接】调板选中执行原始图像被修改的链接图像，单击【链接】调板右侧的黑三角按钮，在弹出的快捷菜单中执行【更新链接】命令，链接图像的图标消失表示被更新，如图5-52所示。也可以右键单击图像栏，在弹出的快捷菜单中执行【更新链接】命令，图像被更新，如图5-53所示。

转换图像的嵌入和链接状态，在【链接】调板中选中一张链接图像，右键单击该图像，在弹出的快捷菜单中执行【嵌入链接】命令，即可将链接图像转为嵌入图像，如图5-54所示；若选中的是一张嵌入图像，则可以执行【取消嵌入链接】命令，然后在弹出的对话框中单击【是】按钮，即可将嵌入图像转为链接图像；若单击【否】按钮，则弹出【选择文件夹】对话框，在其中可以查找该图像其他文件夹中的备份文档，如图5-55所示。

图 5-52

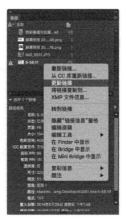

图 5-53

图 5-54

图 5-55

　　可以使用【选择工具】选中图像，也可以通过【链接】调板选中图像，右键单击【链接】调板的图像栏，在弹出的快捷菜单中执行【转到链接】命令，页面会自动跳转到该图像的页面并选中该图像，如图5-56所示。

　　可以通过【链接】调板编辑原稿，右键单击【链接】调板中的图像栏，在弹出的快捷菜单中执行【编辑原稿】命令，可以看到此图像格式对应的编辑软件会自动打开，如图5-57所示。

图 5-56

图 5-57

> **提示**
>
> 在【链接】调板的下方还有多个按钮，可以单击这些按钮以更新应用相关功能，如图5-58所示。
>
>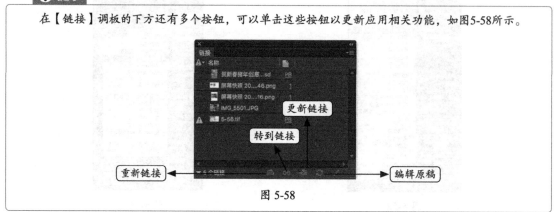
>
> 图 5-58

5.5 应用图像

在InDesign页面中导入的图像，可以做一些特殊的应用，如插入文本框、对图像填色及文本绕排等。

5.5.1 插入文本框

图像可以插入文本框中，使用【选择工具】选中图像，按【Command+X】（Ctrl+X）组合键剪切图像，使用【文字工具】在文本中单击设置插入点，按【Command+V】（Ctrl+V）组合键，图像被粘贴到文本框中，此时图像只能在文本框内局部移动；当移动文本框时，图像也随之移动，如图5-59所示。

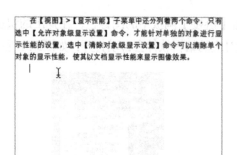

图 5-59

5.5.2 文本绕排

在InDesign中可以对图像或框架设置"文本绕排"，可以将文本绕排在任何对象周围，包括文本框、导入的图像及在 InDesign 中绘制的对象。当应用文本绕排时，InDesign 会在对象周围创建一个阻止文本进入的边界，文本所围绕的对象称为绕排对象，文本绕排也称为环绕文本。使用【选择工具】选中图像，执行【窗口】>【文本绕排】命令，打开【文本绕排】调板，在其中选择一种绕排方式，并设置相关参数即可实现文本绕排，如图5-60所示。

图 5-60

在【文本绕排】调板中，可以指定绕排形状，【沿定界框绕排】是指创建一个矩形绕排，其宽度和高度由所选对象的定界框确定；【沿对象形状绕排】也称为轮廓绕排，它创建与所选框架形状相同的文本绕排边界；【上下型绕排】可以使文本不会出现在框架右侧或左侧的任何可用空间中；【下型绕排】可以强制周围的段落显示在下一栏或下一文本框的顶部，如图5-61所示。

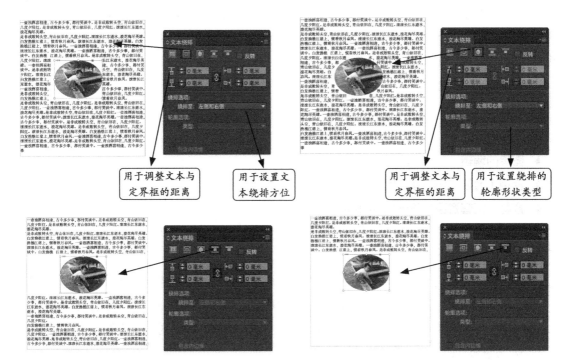

图 5-61

5.5.3 图像效果

在InDesign中可以对图像编辑简单的特效，如透明度和投影等。选中图像后，在【对象】>【效果】中选择需要的选项，即可对图像进行特效处理，如图5-62所示。

图 5-62

5.6 综合案例——图书封面

某出版社有一本图书出版，在出版前，需要为该图书设计封面。图书封面设计一定要考虑书脊的尺寸，这个尺寸与纸张的厚度和多少有关，可以通过自行计算或咨询印刷厂得到，设计书脊时为了尽量减少印刷的难度，书脊最好与封底同色。

知识要点提示

- 图像的导入
- 图像的编辑
- 使用【链接】调板管理图像
- 素材：配套资源/第5章/综合案例

操作步骤

01 执行【文件】>【新建】>【文档】命令，弹出【新建文档】对话框，在对话框中设置【宽度】和【高度】分别为"423毫米"和"285毫米"，如图5-63所示。单击【边距和分栏】按钮，弹出【新建边距和分栏】对话框，将【上】、【下】、【内】、【外】的边距都设置为"0毫米"，如图5-64所示。

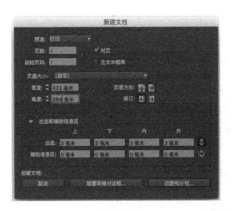

图 5-63

图 5-64

02 单击【确定】按钮，新建的页面出现在页面中，在"210mm"和"213mm"处绘制两条纵向参考线，如图5-65所示。

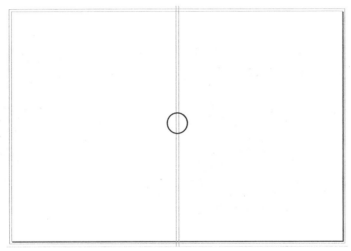

图 5-65

03 置入"封面图像"，调整图像大小并放置到合适位置，如图5-66所示。再置入LOGO图像，移动到合适位置，如图5-67所示。

图 5-66

图 5-67

04 输入封面标题文字，并移动到合适位置，如图5-68所示。

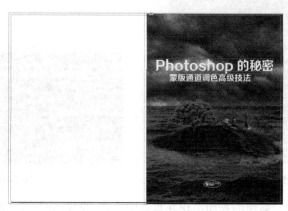

图 5-68

05 置入封底图像，并移动到合适位置，如图5-69所示。按住【Command】（Ctrl）键横向拖曳图像，使其覆盖书脊处，如图5-70所示。

图 5-69

图 5-70

06 绘制一个黑色矩形并移动到合适位置，如图5-71所示。置入二维码图像，调整其大小，并移动到合适位置，如图5-72所示。

图 5-71

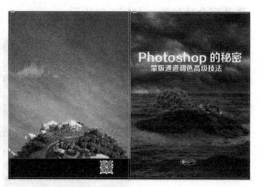

图 5-72

07 输入封底文字，填充为白色，移动到合适位置，如图5-73所示。

图 5-73

5.7　本章习题

选择题

（1）在InDesign中可以导入多种图形和图像文件格式，如主要用于印刷输出的AI、EPS、TIFF、JPEG、PDF、PSD 等格式，主要用于网络输出的格式不包括（　　）。

　　A．Word　　　　　　B．GIF　　　　　　C．BMP

（2）置入InDesign页面中的图像，常用的4种颜色模式不包括（　　）。

　　A．RGB颜色模式　　B．位图颜色模式　　C．黑白颜色模式

（3）其他图像处理软件编辑好的图像，可以通过多种方式导入InDesign页面中，常用的是拖曳方式和（　　）。

　　A．打开方式　　　　B．置入方式　　　　C．导入方式

第 **6** 章

颜色管理

本章主要介绍InDesign关于颜色管理的知识，通过对本章的学习可以了解颜色模式，掌握创建、编辑和管理色板的方法，以及如何使用色板为对象添加填充色和描边色。

6.1 颜色基础

物体本身是不具备颜色的，我们之所以能看到各种不同颜色的物体，是因为物体表面具有不同的吸收光线和反射光线的能力，反射到我们眼睛里的光，经过人眼和大脑的处理，形成了对颜色的感知，即我们看到的颜色。因此，颜色是一种人对光的视知觉。

6.1.1 颜色基本理论

1. 色光加色法和色料减色法

颜色可以互相混合，两种或两种以上的颜色经过混合之后便可以产生新的颜色，这在日常生活中几乎随处可见。无论是手机或电脑屏幕，还是绘画、印染、彩色印刷，都以颜色混合为最基本的工作方法。

颜色混合分为色光的混合和色料的混合两种，分别称为色光加色法和色料减色法。

（1）色光加色法。红、绿、蓝三色光相混合时，会同时或在极短的时间内连续刺激人的视觉器官，使人产生一种新的颜色感觉，并且随着不同的色光不断地增加，感觉也越来越亮，因此称这种色光混合为加色混合。这种由两种以上色彩相混合，呈现另一种色光的方法称为色光加色法。经过不断研究，人们发现红（R）、绿（G）、蓝（B）这三色光可以合成大多数颜色的色光，因此这三色光称为色光三原色，人们用0～255之间的数值来表示不同的光强度，0表示无光，255表示最强光，如图6-1所示。

色光加色法的三原色光等量（最强光）相加混合效果如下：

红光（R）+绿光（G）=黄光（Y）

红光（R）+蓝光（B）=品红光（M）

绿光（G）+蓝光（B）=青光（C）

红光（R）+绿光（G）+蓝光（B）=白光（W）

（2）色料减色法。当白光照射到黄、品红（洋红）、青色料上时，色料从白光中吸收一种或几种单色光从而呈现另一种颜色，色料增加得越多，吸收的光越多，感觉越暗，因此将这种颜色混合方式称为色料减色法，简称减色法。黄、品红（洋红）、青色也称为色料三原色，如图6-2所示。

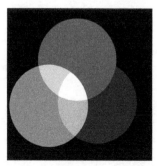

图 6-1

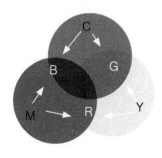

图 6-2

2. 颜色的3个属性

（1）色相。色相是指颜色的相貌，它是颜色的最主要、最基本的特征，表示颜色本质的区别，如红、橙、黄、绿、青、蓝、紫。

（2）明度。明度表示物体颜色深浅明暗特征，是判断一个物体比另一个物体能够较多或较少地反射光的颜色感觉的属性。简单地说，颜色的明度就是人眼所感受的颜色的明暗程度。

（3）饱和度。饱和度是指颜色的纯洁度。可见光谱的各种单色是最饱和的颜色。

3. 印刷色和专色

理论上黄、品红（洋红）、青色料混合应该呈现黑色，但由于油墨纯度问题只能得到一个较黑的褐色，所以印刷中通过加入黑色油墨来获得印刷品的暗调部分，使用黑色油墨可以更好地控制印刷效果，直接使用黑色油墨可以印刷黑白印刷品并且可以控制成本。在实际生产中，使用这4种油墨可以混合出彩色图案，因此彩色印刷通常也称为四色彩印，黄（Y）、洋红（M）、青（C）、黑（K）四色称为印刷色。

用于四色彩印的图像，在Photoshop中应该设置为印刷专用的CMYK颜色模式，在其他绘图和排版软件中也应该将颜色定义为CMYK颜色模式。

专色油墨是指一种预先混合好的特定彩色油墨，如荧光黄色、珍珠蓝色、金属金银色等，它不是靠CMYK四色混合出来的，具有以下4个特点。

（1）准确性。每一种专色都有其本身固定的色相，因此它能够保证印刷中颜色的准确性，从而在很大程度上解决颜色传递准确性的问题。

（2）实地性。专色一般用实地色定义颜色，且无论这种颜色有多浅。当然，也可以给专色加网（Tint），以呈现专色的任意深浅色调。

（3）不透明性。专色油墨是一种覆盖性质的油墨，它是不透明的，可以进行实地的覆盖。

（4）表现色域宽。专色通常超出了RGB和CMYK颜色模式的表现色域，因此采用专色可以表现用CMYK四色印刷油墨无法呈现的颜色。

6.1.2 颜色模式

为了识别颜色性质可以使用多种颜色模式，颜色模式决定了用于显示和打印图像的颜色模式。InDesign颜色模式的建立以用于描述和重现色彩的模式为基础。常见的颜色模式主要包括RGB、CMYK、Lab和灰度等。

1. RGB颜色模式

RGB颜色模式的图像是通过对红（R）、绿（G）、蓝（B）3个颜色通道的变化及它们相互之间的叠加来得到各式各样的颜色的，所有RGB颜色模式产生颜色的方法被称为色光加色法。RGB代表红、绿、蓝3个通道的颜色，这个标准几乎包括了人类视力所能感知的所有颜色，是目前运用最广的颜色系统之一。

RGB颜色模式使用RGB模型为图像中每一个像素的RGB分量分配一个0～255范围内的强度值。RGB图像只使用3种颜色，就可以使它们按照不同的比例混合，在屏幕上重现16 777 216种颜色。

在 RGB 颜色模式下，每种 RGB 分量都可使用从 0（黑色）～255（白色）的值。例如，亮红色使用 R 值255、G 值0和 B 值0。当所有3种分量值相等时，会产生灰色阴影。当所有分量的值都为 255 时，结果是纯白色；当值都为 0 时，结果是纯黑色，如图6-3所示。

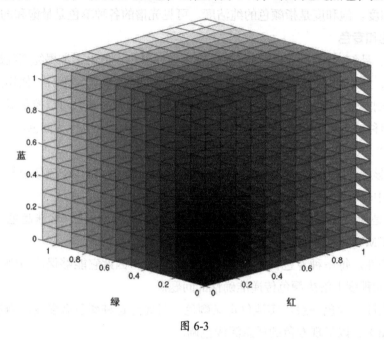

图 6-3

在显示屏上显示颜色定义时，往往采用这种模式，电视、幻灯片、网络和多媒体一般使用RGB颜色模式。

2. CMYK颜色模式

CMYK颜色模式也称为印刷颜色模式，是一种依靠反射光线呈色的颜色模式。与RGB类似，CMY是3种印刷油墨名称的首字母：青色Cyan、洋红色Magenta、黄色Yellow。而K取的是Black最后一个字母，之所以不取首字母，是为了避免与蓝色（Blue）混淆。

CMYK颜色模式是一种印刷模式。CMYK颜色模式在本质上与RGB颜色模式没有什么区别，只是产生色彩的原理不同，在RGB颜色模式中由光源发出的色光混合生成颜色，而在CMYK颜色模式中由光线照到有不同比例 C、M、Y、K 油墨的纸上，部分光谱被吸收后，反射到人眼的光产生颜色。C、M、Y、K 在混合成色时，随着 C、M、Y、K 四种分量的增多，反射到人眼的光会越来越少，光线的亮度会越来越低，所以CMYK颜色模式产生颜色的方法又被称为色料减色法，如图6-4所示。

在打印或印刷图像时，应使用CMYK颜色模式，如果文档中存在RGB颜色模式的图像，应先在图像编辑软件中将其转换为CMYK颜色模式，再置入InDesign页面中。

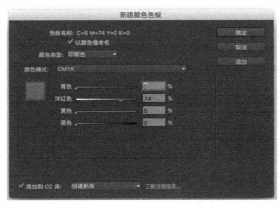

图 6-4

3. Lab颜色模式

Lab模型由照度（L）和有关色彩的a、b 3个要素组成。L表示亮度，a表示从洋红色至绿色的范围，b表示从黄色至蓝色的范围。L的值域为0～100，L=50时，就相当于50%的黑；a和b的值域都是-128～+127，其中a=+127就是洋红色，渐渐过渡到-128的时候就变成绿色；同样原理，b=+127代表黄色，b=-128代表蓝色。所有颜色都由这3个值交互变化所组成。例如，一块颜色的Lab值是L= 100，a= 30，b = 0，就代表粉红色。

Lab颜色模式除上述不依赖于设备的优点外，还具有自身的优势，即色域宽阔。它不仅包含了RGB、CMYK的所有色域，还能表现它们不能表现的色彩。人的肉眼能感知的色彩都能通过Lab颜色模式表现出来。另外，Lab颜色模式的绝妙之处还在于它弥补了RGB颜色模式颜色分布不均的不足，因为RGB颜色模式在蓝色到绿色之间的过渡色彩过多，而在绿色到红色之间又缺少黄色和其他色彩。Lab颜色模式如图6-5所示。

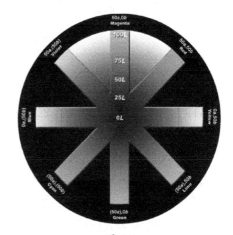

图 6-5

> **ℹ提示**
>
> 如果想在数字图形的处理中保留尽量宽阔的色域和丰富的颜色，最好选择Lab颜色模式。

6.2 认识和管理【色板】

在【色板】调板中，可以新建、编辑及删除颜色，还可使用调板为对象填充颜色、专色、渐变色等。

6.2.1 认识【色板】调板

1.【色板】

【色板】调板可以创建和命名颜色、渐变，改变颜色的色调，并将它们快速应用于文档中的对象上。执行【窗口】>【色板】命令，打开【色板】调板，在【色板】调板中默认有一些颜色图标，单击选中某个图标可以更方便地为对象设置颜色，如图6-6所示。

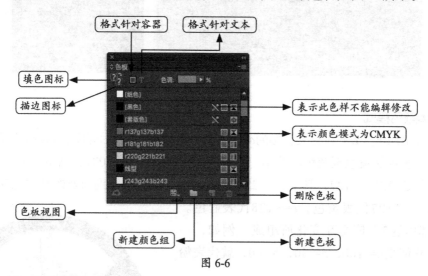

图 6-6

单击【色板】调板右侧的黑三角按钮，在弹出的快捷菜单中通过执行【名称】、【小字号名称】、【小色板】或【大色板】命令改变【色板】调板的显示模式。

默认情况下，【色板】调板以【名称】方式显示，在颜色名称的旁边显示一个小色板。该名称右侧的图标显示颜色模式（CMYK、RGB 等）及该颜色是专色、印刷色、套版色还是无颜色，如图6-7所示。执行【小字号名称】命令，将使用小字号显示精简的【色板】调板，如图6-8所示。执行【小色板】或【大色板】命令，将仅显示色板，图6-9所示为小色板，图6-10所示为大色板。色板一角带点的三角形▇表明该颜色为专色，不带点的三角形▇表明该颜色为印刷色。

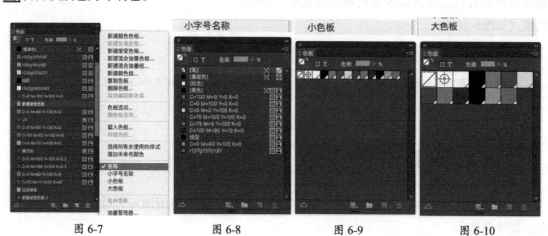

图 6-7　　　　　　图 6-8　　　　　　图 6-9　　　　　　图 6-10

2．默认颜色

打开【色板】调板，即可看到InDesign已经设置好的默认颜色。这些颜色一是为了方便用户使用；二是某些颜色有其特殊性，可以在特定的场合使用，如图6-11所示。

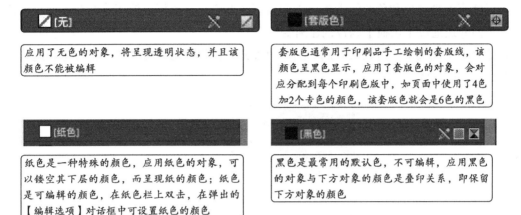

图 6-11

6.2.2　创建颜色

1．新建颜色色板

【色板】调板在默认状态下有默认的颜色，为了得到更多的颜色，需要自己设置颜色。

单击【色板】调板右侧的黑三角按钮，在弹出的快捷菜单中执行【新建颜色色板】命令，如图6-12所示。在弹出的【新建颜色色板】对话框中，【颜色类型】选择【印刷色】，【颜色模式】选择【CMYK】，分别拖曳青、洋红、黄、黑色的滑块即可设置颜色数值。如果想一次设置多个颜色，可以单击【添加】按钮将设置好的颜色添加到【色板】调板中，然后再次拖曳滑块定义其他颜色；如果只需要设置一个颜色，就直接单击【确定】按钮，设置好的颜色会被添加到【色板】调板中，如图6-13所示。

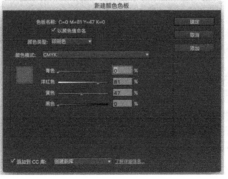

图 6-12　　　　　　　　　　　　　　　　　　图 6-13

2．新建渐变色板

渐变是指两种或多种颜色之间或同一颜色的两个色调之间的逐渐混合。渐变色包括纸色、印刷色、专色或使用任何颜色模式的混合油墨颜色。渐变是通过渐变条中的一系列色标定义的。色标是指渐变中的一个点，渐变在该点从一种颜色变为另一种颜色，色标由渐变条下的彩色方块标识。默认情况下，渐变以两种颜色开始，中点一般在50%的位置上。

可以使用处理纯色和色调的【色板】调板创建渐变色，也可以使用【渐变】调板创建渐变色。下面介绍通过【色板】调板创建渐变色。

在【色板】调板中单击调板右侧的黑三角按钮，在弹出的快捷菜单中执行【新建渐变色板】命令，如图6-14所示。

图 6-14

弹出【新建渐变色板】对话框，在该对话框中输入渐变色板名称；选择渐变类型，可以设置为【线性】或【径向】；然后选择渐变中的第一个色标，如图6-15所示。

若要选择【色板】调板中的已有颜色，可以在【站点颜色】下拉列表中选择【色板】选项，然后在列表框中选择颜色，如图6-16所示。

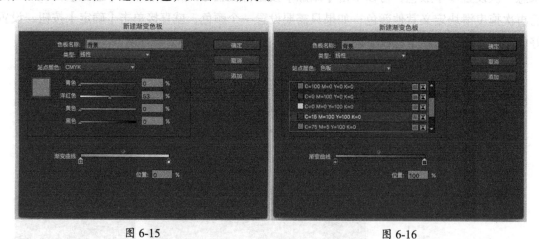

图 6-15   图 6-16

若要为渐变混合一个新的未命名颜色，则先选择一种颜色模式，然后输入颜色值或拖曳滑块。

> **① 提示**
>
> 默认情况下，渐变的第一个色标设置为白色。要使其透明，可以应用"纸色"色板。

在【渐变曲线】条下单击鼠标左键，可以建立一个新的色标，形成新的过渡色，如图 6-17 所示。若要调整渐变颜色的位置，可以拖曳位于【渐变曲线】条下的色标。选择【渐变曲线】条下的一个色标，然后在【位置】文本框中输入数值以设置该颜色的位置。该位置表示前一种颜色和后一种颜色之间的距离百分比，如图 6-18 所示。

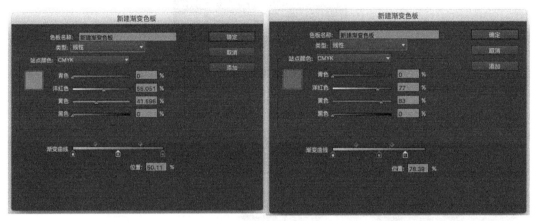

图 6-17　　　　　　　　　　　　　　　　图 6-18

单击【确定】或【添加】按钮。该渐变色板连同其名称将存储在【色板】调板中，选中对象后，在色标栏上单击，即可为对象上色，如图 6-19 所示。

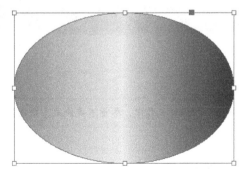

图 6-19

3. 外来颜色

由于 InDesign 可以接收其他软件的文档，如 Photoshop 处理的图像、Illustrator 绘制的图像，Word 和 Excel 的文字及表格等，所以这些文档在进入 InDesign 后，其自带的一些颜色也会被自动放置在【色板】调板中，如图 6-20 所示。

图 6-20

4. 用【拾色器】设置颜色

在【工具箱】中双击【填色】图标，弹出【拾色器】对话框，在该对话框中吸取颜色或设置颜色色值，单击【确定】按钮，该颜色即可应用到对象中，如图6-21所示。

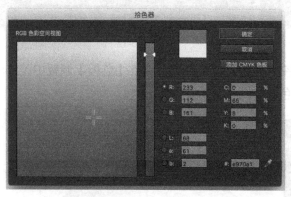

图 6-21

> ⓘ 提示
>
> 在印刷品的设计工作中，尽量不要使用【拾色器】设置颜色。

6.2.3 编辑颜色

1. 编辑颜色色板

在【色板】调板中，可以通过编辑修改已有的颜色。在【色板】调板中单击要编辑的颜色以将其选中，在【色板】调板快捷菜单中执行【色板选项】命令，如图6-22所示。弹出【色板选项】对话框，在该对话框中可以更改颜色的颜色类型、颜色模式和颜色的数值，如图6-23所示。

图 6-22

图 6-23

更改各个选项的参数后，单击【确定】按钮，便可完成对色板的编辑。

2. 编辑渐变色板

在【色板】调板中，可以通过编辑修改已经创建的渐变色。其方法与编辑颜色色板的方法相同。在【色板】调板中单击要编辑的渐变颜色以将其选中，在【色板】调板快捷菜单中执行【色板选项】命令，如图6-24所示。弹出【渐变选项】对话框，在对话框中可以更改渐变颜色的色板名称、渐变类型和站点颜色等，如图6-25所示。

图 6-24

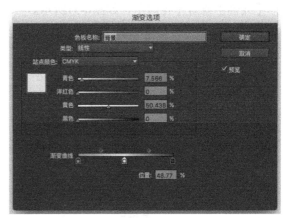

图 6-25

另外，也可以通过添加颜色创建多色渐变或通过调整色标和中点修改渐变色。最好使用要调整的渐变色为对象填色，以便在调整渐变的同时在对象上预览效果。

3. 使用【渐变】调板创建和编辑渐变色

执行【窗口】>【颜色】>【渐变】命令，打开【渐变】调板，如图6-26所示，在颜色图标上单击，激活渐变条，渐变条上出现默认黑白渐变，如图6-27所示。

从色板中拖曳一个颜色到渐变条的终点色标■上，松开鼠标左键即可将色标修改为所选颜色，如图6-28所示，使用同样的方法设置起点色，得到的效果如图6-29所示。

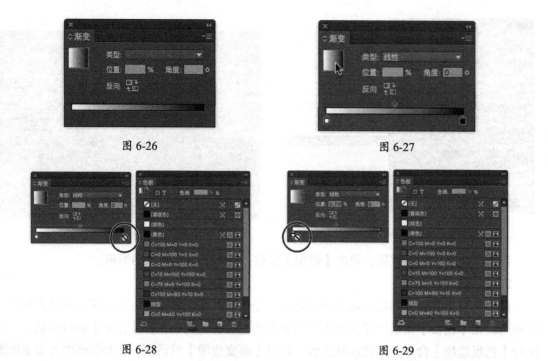

图 6-26   图 6-27

图 6-28   图 6-29

在色标上按住鼠标左键拖曳，可以调整色标位置，如图6-30所示，在【类型】中可以选择【线性】或者【径向】，如图6-31所示。

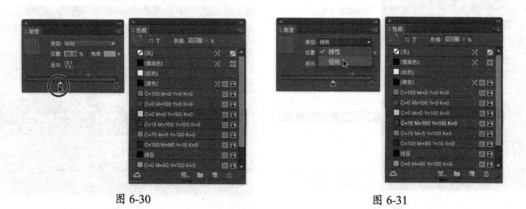

图 6-30   图 6-31

在渐变条上单击鼠标右键，选择【添加到色板】命令，如图6-32所示，该渐变被添加到色板中，如图6-33所示。

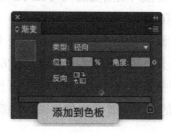

图 6-32

图 6-33

6.2.4 删除颜色

在【色板】调板中，可以将不需要的色板删除。在【色板】调板中单击要删除的色板以将其选中，单击调板底部的【删除选定的色板/组】按钮或在【色板】调板快捷菜单中执行【删除色板】命令，如图6-34所示。

图 6-34

此时，如果要删除的色板没有应用于任何对象，色板将直接被删除；如果要删除的色板应用于页面的某一对象上，如文字、图形和图像等，将弹出【删除色板】对话框，如图6-35所示。

图 6-35

选择【已定义色板】单选按钮，在其下拉列表中选择某一种颜色替换删除的颜色，单击【确定】按钮，即可将色板删除。

6.3 使用色板

使用【色板】调板能规范地设置编辑颜色，并快速准确地为文档中的文字、图形和图像设置描边色和填充色，提升工作质量和工作效率。

6.3.1 设置填充色

使用【色板】调板可以为页面中的多种对象添加填充色，如文字、图形和图像等，使页面拥有丰富的色彩。

使用【选择工具】选中需要添加颜色的图形，如图6-36所示。在【色板】调板中单击【填色】图标（此图标盖住【描边】图标则表示填色为激活状态），在【色板】调板中单击色板，图形被填充上色，如图6-37所示。

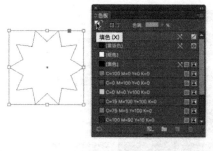
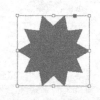

图 6-36   图 6-37

给文字添加填充色的方法是使用【文字工具】黑选文字后，单击【色板】调板中的某个颜色即可，如图6-38所示。

图 6-38

也可以给位图图像添加填充色，也可对图像模式为"黑白"的图像上色，使用【选择工具】选中图像，方法如图6-39所示。

图 6-39

6.3.2　添加描边色

使用【色板】调板也可以为页面中的文字、图形和图像等对象添加描边色，起到丰富页面元素的作用。

使用【选择工具】选中需要添加描边色的图形，在【色板】调板中单击【描边】图标（此图标盖住【填色】图标则表示描边为激活状态），在【色板】调板中单击色板，图形被填充上描边色，如图6-40所示。

图 6-40

给文字添加描边色的效果如图6-41所示。

图 6-41

6.3.3　添加渐变色

使用【色板】调板也可以为页面中的文字、图形和图像等对象添加渐变色，以使对象具有渐变效果。

　　使用【选择工具】选中需要添加颜色的图形，在【色板】调板中单击渐变色板，图形被填充上渐变色，如图6-42、图6-43所示。

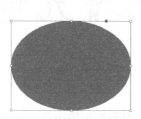

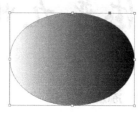

图 6-42　　　　　　　　　　　　　　　　　　　　　　　图 6-43

给文字添加渐变色的效果如图6-44、图6-45所示。

图 6-44　　　　　　　　　　　　　　　　　　　　　　　图 6-45

6.4　专色

　　顾名思义，专色是指"专门"的颜色，专色广泛存在于平面设计与印刷品中，如需要印制一些特殊的颜色，或制作一些特殊的工艺。

6.4.1　认识专色

　　专色是一种预先混合的特殊油墨，用于替代 CMYK 印刷油墨或为其提供补充，它在印刷时需要使用专门的印版。当指定少量颜色并且颜色准确度很关键时会使用专色。专色油墨准确重现印刷色色域以外的颜色。但是，印刷专色的确切外观由印刷厂所混合的油墨和所用纸张共同决定，而不由设计时的颜色值或色彩管理决定。当用户指定专色值时，所描述的仅是显示器和彩色打印机的颜色模拟外观（取决于这些设备的色域限制）。

专色分为两种：一种为印刷专色，如金色、银色、潘通色（国际标准色卡，主要应用于广告、纺织、印刷等行业）等；另一种为工艺专色，如烫金、烫银、模切等。

6.4.2 设置专色

在开始设置专色前，要了解做的是什么专色，在哪里做，做成什么形状，做多大面积。只有确认好这些信息后，才能开始设计。

（1）首先在【色板】调板中设置专色并添加到对象上，确定并绘制好需要制作专色的对象并将其选中，单击【色板】调板右侧的黑三角按钮，在弹出的快捷菜单中执行【新建颜色色板】命令，如图6-46所示。在弹出的对话框中设置【颜色类型】为【专色】，【色板名称】可以任意命名，【颜色模式】为【CMYK】，在色值参数栏中输入数字，单击【确定】按钮，如图6-47所示。专色出现在色板中。选中对象，然后单击刚才设置好的专色色板为对象添加填充色。如果页面中有多个对象使用此专色，就将它们一一选中，然后填充同一个专色。

图 6-46

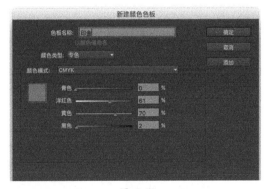

图 6-47

此时必须确保【色板】调板中的【色调】为"100%"，【效果】调板中的【不透明度】为"100%"，如图6-48所示。

图 6-48

（2）在【属性】调板中选中【叠印填充】或【叠印描边】复选框，专色设置完成，如图6-49所示。

图 6-49

6.5 综合案例——纸巾包装

纸巾包装属于凹版印刷，印刷承印物为塑料膜，通常包装印刷会使用大量的专色和工艺，因此在设计时需要认真耐心地设置专色。由于该包装两侧透明，所以文档中不需要设置两个侧面的尺寸，如图6-50所示，左图为成品示意图，右图为设计图。

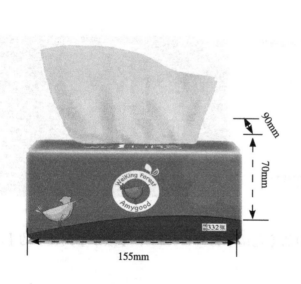

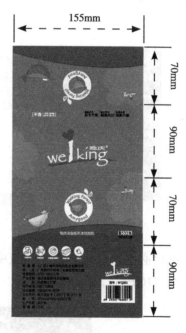

图 6-50

知识要点提示

- 【色板】调板的使用
- 专色的创建与应用
- 素材路径：配套资源/第6章/综合案例

操作步骤

01 执行【文件】>【新建】>【文档】命令，弹出【新建文档】对话框，在该对话框中设置

【页数】为"1"，【宽度】为"155毫米"，【高度】为"320毫米"，如图6-51所示。单击
【边距和分栏】按钮，弹出【新建边距和分栏】对话框，将【上】、【下】、【内】、【外】的
边距都设置为"0毫米"，如图6-52所示，单击【确定】按钮，新建的页面将出现在文档中。

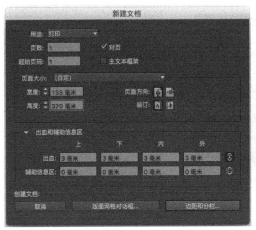

图 6-51

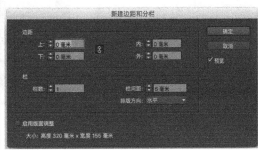

图 6-52

02　设置三条横向参考线，位置分别是"70mm""160mm"和"230mm"，如图6-53所示。

03　在【色板】调板中设置一个专色"专1"，参数如图6-54所示。

图 6-53

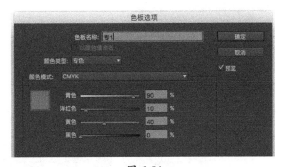

图 6-54

04　使用【矩形工具】绘制一个矩形，并填充"专1"专色，如图6-55所示。

05　使用【钢笔工具】绘制一个云朵图形，填充"专1"专色，然后设置该图形的【色调】为
"80"，移动到合适位置，如图6-56所示。

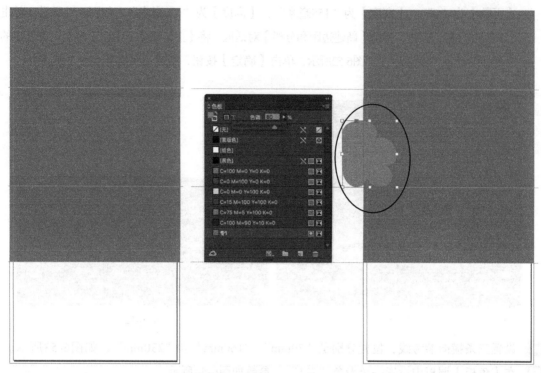

图 6-55   图 6-56

06 复制得到两个该云朵图形，单击选项栏中的【水平翻转】图标，然后适当调整其大小，分别移动到合适位置，如图6-57所示。

07 在【色板】调板中设置一个专色"专2"，参数如图6-58所示。使用【钢笔工具】绘制一个土坡图形，并填充"专2"专色，描边【粗细】设置为"2"，描边色设置为"黑色"，移动到合适位置，如图6-59所示。

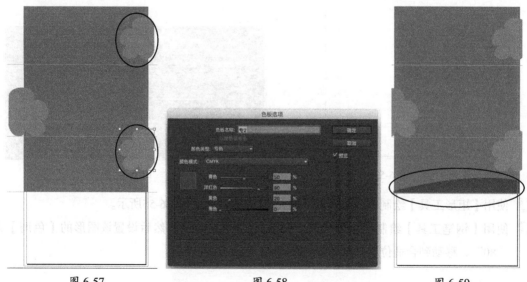

图 6-57   图 6-58   图 6-59

08 绘制一个矩形，填充色设置为"专2"专色，描边色设置为"无色"，移动到页面最下方，如图6-60所示。

09 复制土坡图形，使其垂直翻转，移动到页面最上方，如图6-61所示。

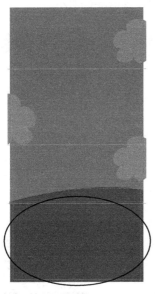

图 6-60　　　　　　　　　　　　　　　图 6-61

10 在Illustrator中打开素材"LOGO1"，将其复制粘贴到页面中，并移动到合适位置，如图6-62所示。

11 在页面中输入文字，设置好属性，然后移动到合适位置，如图6-63所示。

图 6-62　　　　　　　　　　　　　　　图 6-63

12　复制一个"LOGO1"，将其等比缩小，移动到合适位置，然后再次复制该缩小的"LOGO1"，并将其垂直翻转，然后移动到合适位置，如图6-64所示。

13　在Illustrator中打开素材"bz"，先将其复制粘贴到页面中，再移动到合适位置，如图6-65所示。复制该图形，旋转180°，然后移动到合适位置，如图6-66所示。

图 6-64　　　　　　　　　　　图 6-65　　　　　　　　　　　图 6-66

14　然后分别将其余的两个图形复制粘贴到页面中，并移动到合适位置，如图6-67所示。

15　输入文字，设置文字属性，将它们分别移动到合适位置，如图6-68所示。

图 6-67　　　　　　　　　　　　　　　　　　図 6-68

16 在Illustrator中打开素材"a01"，将其复制粘贴到页面中，并移动到合适位置，如图6-69
所示。

17 复制一个"LOGO1"，将其缩小，并填充为"纸色"，然后移动到合适位置，如图
6-70所示。

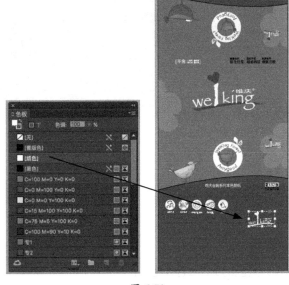

图 6-69　　　　　　　　　　　　　　　图 6-70

18 绘制一个矩形，填充"纸色"，描边色设置为"无色"，如图6-71所示，在Illustrator中打
开素材"hh"，将其复制粘贴到页面中，移动到白色矩形上，如图6-72所示。。

图 6-71　　　　　　　　　　　　　　　图 6-72

19 输入文字，设置文字属性，然后移动到合适位置，如图6-73所示。

20 整体设计完成，如图6-74所示。

图 6-73 图 6-74

6.6 本章习题

选择题

（1）颜色的3个属性不包括（ ）。

A. 色相   B. 明度   C. 对比度   D. 饱和度

（2）常见的颜色模式有3种，不包括（ ）。

A. RGB   B. CMYK   C. Lab   D. 灰度

（3）专色分为两种，其中不包括（ ）。

A. 印刷专色   B. 广告专色   C. 工艺专色   D. 设计专色

第 **7** 章

页面设置

　　本章主要介绍InDesign对多页面文档的处理功能，通过本章的学习，应掌握页面的操作、主页的应用、页码的添加、书籍的管理、目录和索引的创建等操作方法。

7.1 页面和跨页

　　InDesign页面是文档最基本的组成部分，一个文档可以包含多个单独的页面，当两个或多个页面并排显示，可形成"跨页"，如在打开书籍或杂志时看到的两个页面，如图7-1所示。

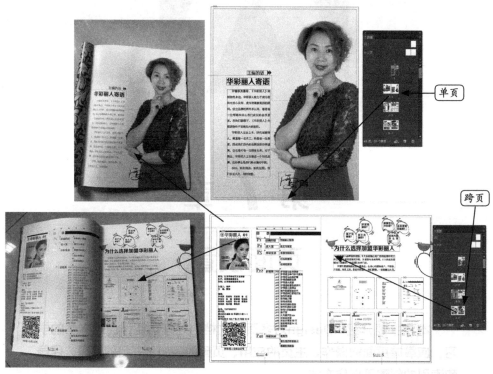

图 7-1

　　每个 InDesign 跨页都包括自己的粘贴板，粘贴板是指页面外的区域，可以在该区域存储还没有放置到页面上的对象。每个跨页的粘贴板包括出血区域和辅助信息区，粘贴板上的对象不会出现在输出或印刷成品中，如图7-2所示。

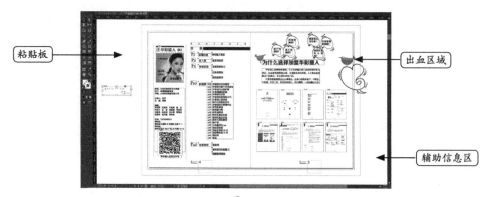

图 7-2

7.1.1 【页面】调板

【页面】调板包括关于页面、跨页和主页的信息，以及对于它们的编辑修改，如跳转页面、增加页面、删除页面、调整页面顺序、应用主页等。在默认情况下，【页面】调板显示每个页面内容的缩略图。

执行【窗口】>【页面】命令，打开【页面】调板，在【页面】调板中显示文档的主页和页面的缩略图，通过对调板中主页和页面图标的编辑，可直接应用到文档中的页面上，如图7-3所示。

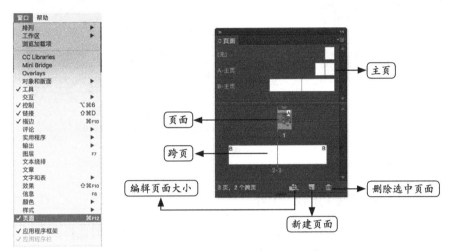

图 7-3

【页面】调板中分布着所有页面的缩略图，缩略图下方是每个页面的页码，在默认状态下，奇数页居右侧称为"右页"，偶数页居左侧称为"左页"。文档的页面与【页面】调板中的页面是一一对应关系，图文的排版设计工作需要在文档的页面中进行，【页面】调板可以实现添加页面、删除页面、页面排序等功能，如图7-4所示。

图 7-4

单击【页面】调板右侧的黑三角按钮，在弹出的快捷菜单中执行【面板选项】命令，弹出【面板选项】对话框，如图7-5所示。

　　【页面】：用于设置页面的缩略图图标大小。

　　【主页】：用于设置主页的图标大小和排列方式。

　　【面板版面】：用于设置【页面】调板中页面和主页图标的位置、区域和大小。

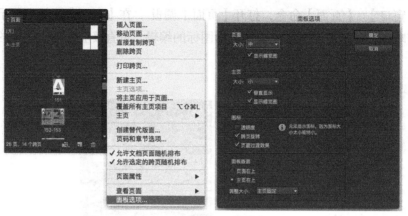

图 7-5

7.1.2　选择页面和跳转到指定页面

　　选择页面时，可以选择单个页面，也可以选择跨页，还可以同时选择多个页面。在选择页面的同时，还可以将页面跳转到指定的页面。

1. 选择页面和跳转到指定页面

　　选择页面和跳转到指定页面通常有以下几种方法。

　　（1）使用【选择工具】在文档页面上任意位置单击鼠标，即可选中该页面，若页面是跨页，则跨页都会被选择，此时在【页面】调板中，被选择的页面呈"灰显"，名称为"蓝显"，如图7-6所示。使用别的工具也可选择页面，如【矩形工具】、【钢笔工具】等。

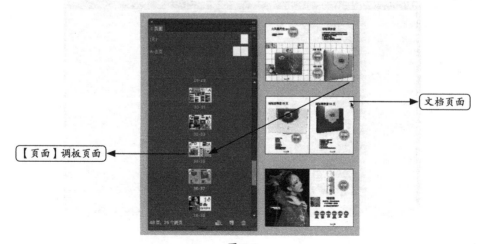

图 7-6

（2）使用【页面工具】 选择单个页面，选择【工具箱】中的【页面工具】，在文档页面中单击鼠标左键，文档中的页面边缘显示为蓝色，表示页面已经被选择，如图7-7所示。

（3）选择并跳转到指定页面。在【页面】调板中双击页面图标，可以选择页面，并且还可以使文档中的页面跳转到该页面，如图7-8所示。

图 7-7

图 7-8

（4）在【页面】调板中选择跨页。在【页面】调板中单击跨页图标下方的页码，跨页显示为蓝色，表示跨页已经被选择，如图7-9所示。

（5）跳转到指定跨页。在【页面】调板中双击跨页图标下方的页码，除可以选中跨页外，还可以使文档中的跨页跳转到该跨页，如图7-10所示。

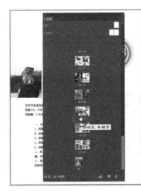

图 7-9

图 7-10

2. 同时选择多个页面

（1）在【页面】调板中选择多个不连续的页面，在【页面】调板中按住【Command】（Ctrl）键的同时单击要选择的页面，要选择的页面显示为蓝色，表示页面已经被选择，如图7-11所示。

（2）在【页面】调板中选择连续页面。在【页面】调板中按住【Shift】键单击第一个页面，然后单击最后一个页面，所有页面显示为蓝色，表示所有页面已经被选择，如图7-12所示。

图 7-11

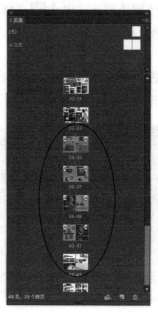

图 7-12

7.1.3 添加和删除页面

在文档中添加或删除页面，可在【页面】调板中进行操作。

1. 添加页面

在【页面】调板中可以添加一个页面，还可以添加多个页面。

（1）添加一个页面。在【页面】调板中，单击【页面】调板下方的【新建页面】按钮，即可添加一个新页面，如图7-13所示。

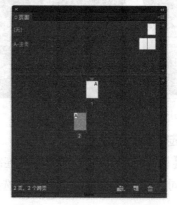

图 7-13

（2）添加多个页面。在【页面】调板中单击鼠标右键，在弹出的快捷菜单中执行【插入页面】命令，弹出【插入页面】对话框，如图7-14所示。在对话框中设置参数，单击【确定】按钮，新页面被添加到【页面】调板中，如图7-15所示。

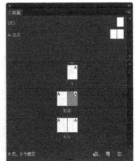

图 7-14　　　　　　　　　　　　　　　　图 7-15

在【插入页面】对话框中有如下几个选项。

页数：用于设置要插入页面的页数。

插入：用于指定插入页面的位置。

主页：用于指定插入页面所应用的主页。

🛈 提示

　　也可在【页面】调板中单击下拉菜单按钮▤，在弹出的快捷菜单中执行【插入页面】命令，此时同样会弹出【插入页面】对话框。

2. 删除页面

（1）删除单个页面。要删除文档中的单个页面，在【页面】调板中选择要删除的页面图标，单击【页面】调板下方的【删除选中页面】按钮，如果页面中有对象，会弹出【警告】对话框，在对话框中单击【确定】按钮，即可将页面删除，如图7-16所示。

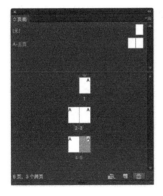

图 7-16

🛈 提示

　　也可在【页面】调板中单击下拉菜单按钮▤，在弹出的快捷菜单中执行【删除页面】命令。

　　（2）删除多个页面。要删除文档中的多个页面，按住【Command】（Ctrl）键在【页面】调板中分别选中要删除的页面图标，单击【页面】调板下方的【删除选中页面】按钮，同样会弹出【警告】对话框，在该对话框中单击【确定】按钮，即可将页面删除，页面被删除后，【页面】调板中的页面页码会重新排序，如图7-17所示。

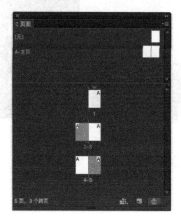 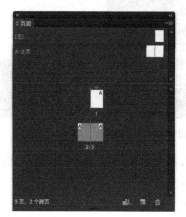

图 7-17

7.1.4 移动和复制页面

在文档中页面可以被移动和复制，在【页面】调板中可以进行相关操作。

1. 移动页面

要移动页面，可以在【页面】调板快捷菜单中执行【移动页面】命令，弹出【移动页面】对话框，如图7-18所示。在【移动页面】对话框中有如下几个选项。

移动页面：用于指定要移动的页面。

目标：用于指定页面要移动到的具体位置。

移至：用于指定页面要移动到的文档，可以移动到当前文档，也可以将页面移动至其他文档。

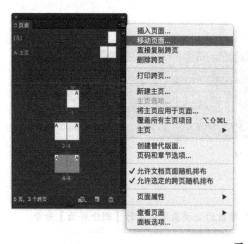 

图 7-18

设置完需要移动的页面及移动到的位置后，单击【确定】按钮，便可完成页面的移动。

　　还可以直接在【页面】调板中拖曳页面缩略图来移动页面，在需要移动的页面缩略图上按住鼠标左键，拖曳到目标页面处松开，页面被移动，如图7-19所示。

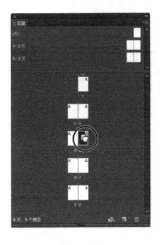
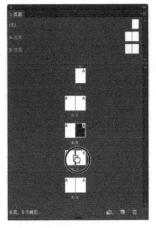
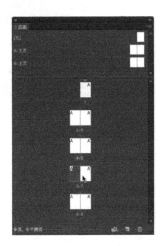

图 7-19

2. 复制页面

　　（1）复制单个页面。在【页面】调板中选择要复制的单个页面，在【页面】调板快捷菜单中执行【直接复制页面】命令，页面将直接被复制，如图7-20所示。

　　（2）复制跨页。在【页面】调板中选择要复制的跨页，在【页面】调板快捷菜单中执行【直接复制跨页】命令，跨页将直接被复制，如图7-21所示。

图 7-20　　　　　　　　　　　　　　　　　图 7-21

7.1.5　页面和跨页随机排布

　　在默认情况下，删除【页面】调板中的一个页面，左右页的位置会发生变化。如在【页面】调板中删除第"2"页，原来居于"右页"的第"3"页会变成第"2"页，并变为"左页"，后面的页面依次往前移动，如图7-22所示。

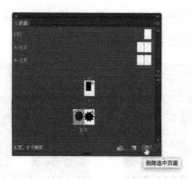

图 7-22

在【页面】调板的快捷菜单中取消执行【允许文档页面随机排布】命令,如图7-23所示。此时,若在【页面】调板中删除第"1"页,之前的第"2"页变为第"1"页,页码重新依次排序,但是所有左右页的位置没有发生变化,如图7-24所示。

图 7-23   图 7-24

在【页面】调板选择一组跨页"2-3",在快捷菜单中取消执行【允许选定的跨页随机排布】命令,如图7-25所示。"2-3"页码处出现图标"[ ]",如图7-26所示。此时,在【页面】调板中删除第"1"页,之前的第"2"页变为第"1"页,页码重新依次排序,但是选择的跨页左右页位置没有变化,而其他页面的左右页发生变化,如图7-27所示。

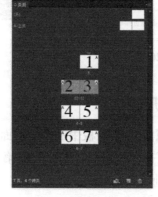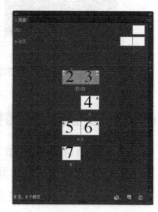

图 7-25   图 7-26   图 7-27

7.2 主页

主页类似于一个可以快速应用到许多页面的背景。主页上的对象将显示在应用该主页的所有页面上。显示在文档页面中的主页项目的周围带有点线边框。对主页进行的更改将自动应用到关联的页面。主页通常包括重复的徽标、页码、页眉和页脚。主页还可以包括空的文本框或图形框，以作为文档页面上的占位符。主页项目在文档页面上无法被选定，除非该主页项目被覆盖。

主页可以具有多个图层，就像文档中的页面一样。单个图层上的对象在该图层内有自己的排列顺序。主页图层上的对象将显示在文档页面中同一图层的对象后。

如果要使主页项目显示在文档页面上的对象前，可为主页上的对象指定一个更高的图层。较高图层上的主页项目会显示在较低图层上的所有对象前。合并所有图层会将主页项目移动到文档页面对象后。

7.2.1 创建主页

【页面】调板分为两个部分，上面的部分为主页，下面的部分为文档的页面。每个新建的文档都会有两个默认的主页，一个是名为【无】的空白主页，应用此主页的页面将不含有任何主页元素；另一个是默认的【A-主页】，该主页可以根据需要对其进行更改，主页上的内容自动出现在各个工作页面上，如图7-28所示。

若还需要新的主页，则需自行创建，在【页面】调板快捷菜单中执行【新建主页】命令，如图7-29所示。

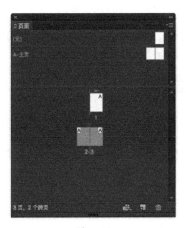

图 7-28

图 7-29

弹出【新建主页】对话框，如图7-30所示，在该对话框中有如下选项。

前缀：可输入随意的字符，在新建的主页前会出现该字符，以区分各个主页。

名称：用于设置主页的名称。

基于主页：可在其下拉列表中选择要基于的主页，可以在基于的主页样式上创建新主页。

页数：用于设置创建主页的页数。

设置完选项后，单击【确定】按钮，新建的主页会出现在【页面】调板中，如图7-31所示。

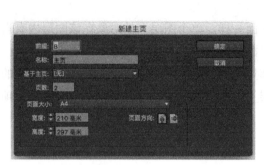

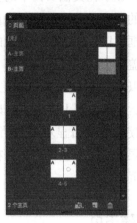

图 7-30   图 7-31

7.2.2 删除主页

在【页面】调板中单击要删除主页的名称，将其选中，单击【页面】调板下方的【删除选中页面】按钮，即可将主页删除，如图7-32所示。

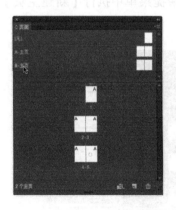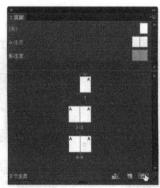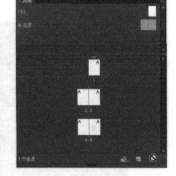

图 7-32

7.2.3 选择和跳转主页

选择和跳转主页的方法与页面的处理方法一致。若在【页面调板】中选择的是普通页面，则需要选择主页，在主页的名称上单击即可选择跨页，如图7-33所示。在主页缩略图上单击可以选择单页，如图7-34所示。若需要选择并跳转，则在主页名称上双击即可，如图7-35所示。

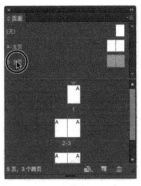
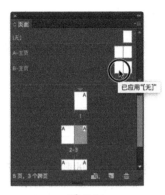
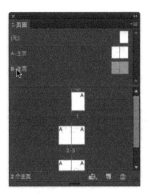

图 7-33　　　　　　　　　　　图 7-34　　　　　　　　　　　图 7-35

7.2.4　应用主页

将主页应用于页面，主页上的元素会出现在页面中，如页眉和页脚等。

在【页面】调板中选择要应用的主页，在调板快捷菜单中执行【将主页应用于页面】命令，如图7-36所示。弹出【应用主页】对话框，在该对话框中选择要应用的主页及应用主页的页面，设置完毕后，如图7-37所示，单击【确定】按钮，即可将主页应用于页面。

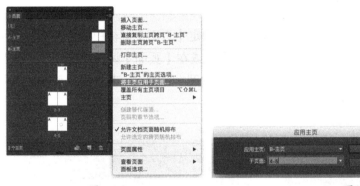
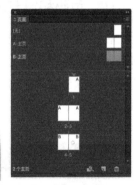

图 7-36　　　　　　　　　　　　　　　　　图 7-37

在【页面】调板中可以直接拖曳主页缩略图到页面缩略图上，即可将主页应用于页面，如图7-38所示。

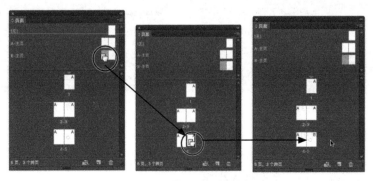

图 7-38

> **ⓘ 提示**
>
> 新建的文档中有一个默认的【A-主页】，文档中的页面会默认应用【A-主页】。

7.3 页码和章节

页码是在每一页面上标明次序的号码或其他数字，用于统计文档的页数，便于检索。单个 InDesign 文档最多可以包含 9999 个页面，在默认情况下，第一页是页码为 "1" 的右页面，页码为奇数的页面始终显示在右侧。

章节是指文档使用何种编号方式。对于多页面的长文档，可以指定章节编号，将页面分为多个章节，这样可以更方便地管理多页面的文档，尤其是多达几百页的文档。每个文档只能被指定一个章节编号，如果想在某一文档内部使用不同的编号，可以将某一范围的页面定义为章节；可以不同的编号方式对章节进行编号。例如，文档的前10页（前面的内容）使用罗马数字，而文档的其余部分使用阿拉伯数字。

7.3.1 页码和章节选项

在文档中可以设置页码的编号和不同页面的页码。确定【页面】调板中的普通页面处于激活状态，然后执行【版面】>【页码和章节选项】命令或在【页面】调板快捷菜单中执行【页码和章节选项】命令，弹出【新建章节】对话框，如图7-39所示。若选择页面中的第一页，则弹出【页面和章节选项】对话框，如图7-40所示。

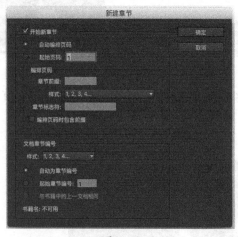

图 7-39

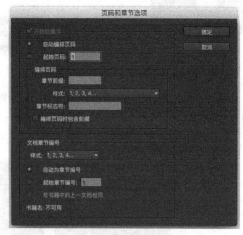

图 7-40

对话框中的选项说明如下。

自动编排页码：选择此单选按钮，页码会自动从首页开始依次排序；若页面包含多个章节，则后面的章节会跟随前一章节依次排序。

起始页码：输入文档或当前章节第一页的起始页码。若要重新开始对章节进行编号，输入 "1"，则该章节中的其余页面将相应重新编号。

> **注意**
>
> 如果选择非阿拉伯数字页码样式（如罗马数字），在此文本框中仍需要输入阿拉伯数字。

章节前缀：为章节输入一个标签。包括要在前缀和页码之间显示的空格或标点符号（如 A–16 或 A 16）。前缀的长度不应大于8个字符，不能为空，并且也不能通过按空格键输入一个空格，而要从文档窗口中复制粘贴一个空格字符。

> **注意**
>
> 加号（＋）或逗号（，）符号不能用在章节前缀中。

样式（页码）：在下拉列表中选择一种页码样式。该页码样式仅应用于本章节中的所有页面。

章节标志符：输入一个标签，InDesign 会将其插入页面中，插入位置会在执行【文字】>【插入特殊字符】>【标志符】>【章节标志符】命令时显示章节标志符字符的位置。

编排页码时包含前缀：如果想在生成目录、索引时或在打印包含自动页码的页面时显示章节前缀，就要选中此复选框。取消选中此复选框，将在 InDesign 中显示章节前缀，但在打印的文档、索引和目录中隐藏该前缀。

7.3.2　添加自动页码

在 InDesign 中可以对文档添加自动页码，而不需要一页页地手动添加，对于多页面的文档排版，能极大地提高工作效率，操作步骤如下。

❶双击【页面】调板中的 "A-主页" 名称，如图7-41所示。

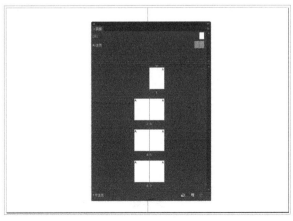

图 7-41

❷使用【文字工具】在左页绘制一个文本框，如图7-42所示。执行【文字】>【插入特

殊字符】>【标志符】>【当前页码】命令，在文本框中会自动插入页码符，如图7-43所示。

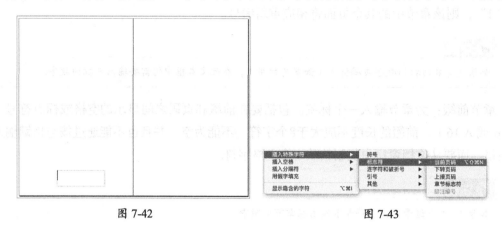

图 7-42   图 7-43

❸用同样方法设置右页，如图7-44所示。切换回普通页面，可以看到每个页面自动添加了页码，并按缩略图编号排序，如图7-45、图7-46所示。

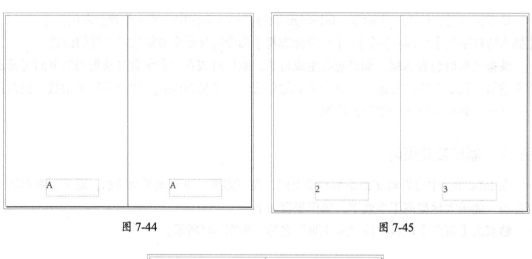

图 7-44   图 7-45

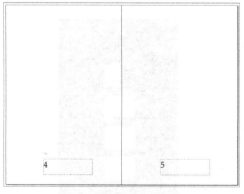

图 7-46

如果在【页面和章节选项】对话框的【编排页码】中重新选择一个样式"001"，如图7-47所示。可以看到页面中的页码也随之变为新样式，如图7-48所示。

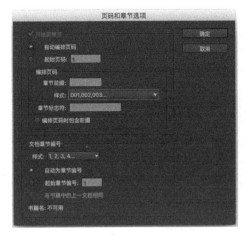

图 7-47

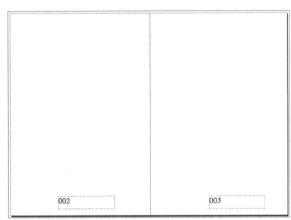

图 7-48

7.3.3 添加自动更新的章节编号

可以将章节编号变量添加到文档中。与页码一样，章节编号可以自动更新，并像文本一样可以设置其格式和样式。章节编号变量常用于组成书籍的各个文档中。一个文档只能拥有指定给它的一个章节编号；如果需要将单个文档划分为多章，可以使用创建节的方式实现。

在【页面和章节选项】对话框的【样式】中选择一个样式，如图7-49所示。在文档的页面中绘制一个文本框，然后执行【文字】>【文本变量】>【插入文本变量】>【章节编号】命令，如图7-50所示。可以看到选择的章节编号出现在页面中，如图7-51所示。

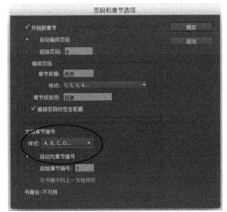

图 7-49

图 7-50

图 7-51

7.3.4 添加自动更新的章节标志符

可以将章节标志符添加到文档中，操作步骤如下。

❶双击【页面】调板的第一页，然后在【页面和章节选项】对话框的【章节标志符】中输入文字，如图7-52所示。

图 7-52

❷双击【页面】调板的主页，使用【文字工具】在页码文本框中输入插入点，执行【文字】>【插入特殊字符】>【标志符】>【章节标志符】命令，如图7-53所示。

图 7-53

页码前出现"章节"二字，如图7-54所示。切换回普通页面，可以看到每个页面的页码前都添加了"章节标志符"，如图7-55所示。

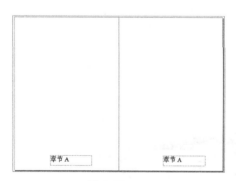

图 7-54

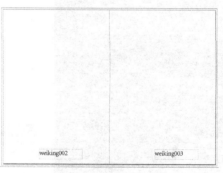

图 7-55

7.3.5 设置新章节

可以在文档中添加新的章节，操作步骤如下。

❶选中【页面】调板中需要设置新章节的页面，单击鼠标右键，在弹出的快捷菜单中选择【页码和章节选项】命令，如图7-56所示，在弹出的【新建章节】对话框中设置相应选项，如图7-57所示。

❷单击【确定】按钮，该页面被设置为新的章节，页面缩略图上方出现【章节指示符】图标■，并且该页面后的页面编号自动以新章节排序，如图7-58所示。

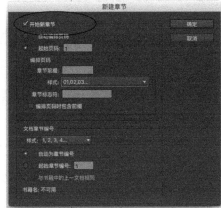
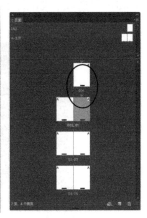

图 7-56　　　　　　　　　　　　图 7-57　　　　　　　　　　　　图 7-58

在主页上设置自动页码，可以看到新章节将以起始页码"1"来设置页码，如图7-59所示。

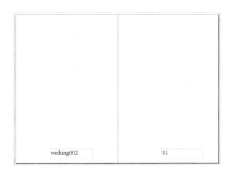

图 7-59

在【章节指示符】图标■上单击，可以选中该章节的所有页面缩略图，如图7-60所示。

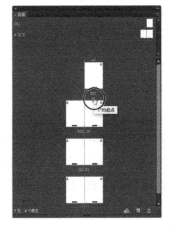

图 7-60

编辑或移去章节页码的方法是双击【页面】调板中页面图标上方的【章节指示符】图标，弹出【页码和章节选项】对话框，在此对话框中更改样式或起始编号，即可以更改章节和页码选项，如图7-61所示。

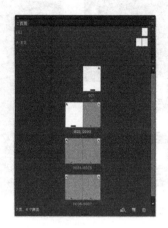

图 7-61

要移除章节可以取消选中【开始新章节】复选框，如图7-62所示。

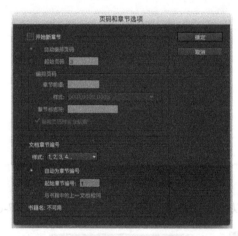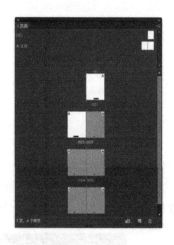

图 7-62

7.3.6　绝对页码和章节页码

【页面】调板中可以显示"绝对页码"或"章节页码"，默认情况下显示的是"章节页码"。

"绝对页码"是指从文档的第一页开始，使用连续数字对所有页面进行标记；"章节页码"是指按章节的排序标记页面，如在【页码和章节选项】对话框中设置章节。执行【InDesign CC】>【首选项】>【常规】命令，在【页码】选项组的【视图】下拉列表中选择，如图7-63所示。选择【绝对页码】页码排序如图7-64所示；选择【章节页码】页码排序如图7-65所示。

图 7-63

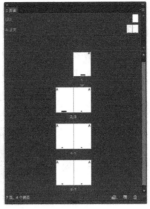
图 7-64

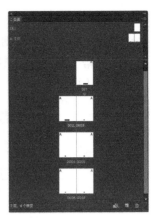
图 7-65

该方法可以改变页面缩略图下的页码编号，文档页面上的页码不会被改变。更改页码编号显示会影响 InDesign 文档中的页面指示方式，除在【页面】调板中页码编号发生变化外，还会在文档窗口底部的页面框中发生改变，如图7-66（a）所示；编号显示还会影响打印和导出文档时如何指定页面范围，如图7-66（b）所示。

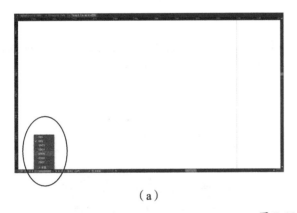
（a）

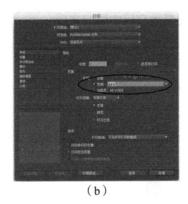
（b）

图 7-66

7.4　书籍

书籍是一个可以共享样式、色板、主页及其他项目的文档集。可以按顺序给编入书籍的文档中的页面编号、打印书籍中选定的文档或将它们导出为 PDF格式的文件。一个文档可以隶属于多个书籍。

7.4.1　创建书籍

书籍功能可以把多个单独的InDesign文档合并为一个书籍文档，但合并后的书籍文档仍然独立存在并可独立修改。

1. 新建书籍

创建书籍的方法和创建文档的方法类似，执行【文件】>【新建】>【书籍】命令，弹出【新建书籍】对话框，选择新建书籍要存储的路径，如图7-67所示。

单击【确定】按钮，文档中出现【书籍】调板，如图7-68所示。

图 7-67

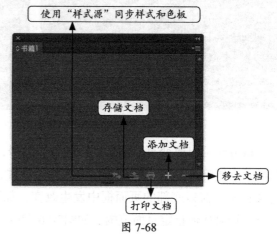

图 7-68

2. 向书籍文档中添加文档

单击【书籍】调板底部的【添加文档】按钮，弹出【添加文档】对话框，在该对话框中选择要添加的文件，如图7-69所示。单击【打开】按钮，文档出现在【书籍】调板中，如图7-70所示。

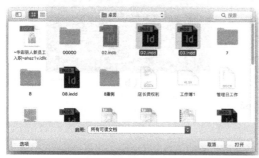

图 7-69

图 7-70

7.4.2 管理书籍

每个打开的文档均显示在【书籍】调板各自的选项卡中。如果同时打开了多本书籍，切换到某个选项卡可将对应的书籍调至前面，从而访问其调板快捷菜单。

【书籍】调板中的图标表明文档当前的状态，如【打开】、【缺失】（文档被移动、重命名或删除）、【已修改】（书籍关闭后文档被编辑或文档的页码或章节编号发生更改）和【正在使用】（如其他人打开了该文档），如图7-71所示。关闭的文档旁边不会显示图标。

图 7-71

1. 存储书籍

创建书籍完成后，需要存储书籍，在【书籍】调板快捷菜单中执行【将书籍存储为】命令，如图7-72所示。弹出【将书籍存储为】对话框，选择要存储的路径，如图7-73所示。单击【保存】按钮，书籍存储完毕。

图 7-72

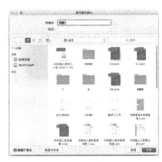

图 7-73

2. 删除书籍中的文档

要删除书籍中的文档，需先选中该文档，单击【书籍】调板下方的【移去文档】按钮，如图7-74所示，文档被删除。

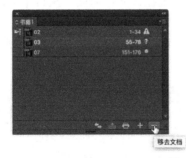

图 7-74

> **ⓘ 提示**
>
> 删除书籍中的文档时，不会删除磁盘上的文件，而只会将该文档从该书籍中删除。

3. 替换书籍中的文档

要替换书籍中的文档，需先选中要被替换的文档，然后执行【书籍】调板快捷菜单中的【替换文档】命令，如图7-75所示。在弹出的【替换文档】对话框中，选择新文件，单击【打开】按钮，文档被替换，如图7-76所示。

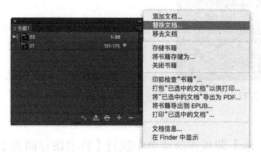

图 7-75

图 7-76

7.4.3 编辑书籍

书籍功能还可以对书籍中的文档进行编辑，如同步文档和编排页码等。

1. 同步文档

添加到书籍中的其中一个文档便是样式源。在默认情况下，样式源是【书籍】调板中的第一个文档，但可以随时选择新的样式源。选择哪个文件为样式源，哪个文档前会出现样式源图标 。

对书籍中的文档进行同步时，指定的项目（如样式、变量、主页、陷印预设、编号列表及色板）将从样式源复制到书籍指定的文档中，从而替换具有相同名称的任何项目。

若在要进行同步的文档中未找到样式源中的项目，则需要添加它们。未包含在样式源中的项目则仍保留在要进行同步的文档中。

设置同步文档的操作步骤如下。

❶确认一个文档为样式源，样式源图标 出现在该文档前面。执行【书籍】调板快捷菜单中的【同步选项】命令，如图7-77所示。

❷在弹出的【同步选项】对话框中设置相应同步选项的样式，如图7-78所示。

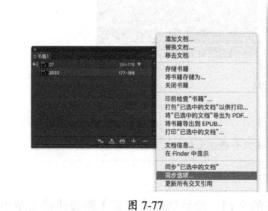

图 7-77

图 7-78

❸设置完成后，单击【确定】按钮，关闭对话框，然后选择除样式源外的其他文档，单击【书籍】调板下方的【使用"样式源"同步样式和色板】按钮，如图7-79所示。

❹InDesign将自动处理文件，处理文件完成后，弹出提示对话框，如图7-80所示。单击【确定】按钮，同步文档设置完毕。

图 7-79　　　　　　　　　　　　　　　　　　图 7-80

2. 编排页码

在【书籍】调板中，页码的范围出现在各个文档的后面。页码的顺序可以随着【书籍】调板中文档顺序的改变而调整，也可以根据要求从某个页面设置起始页码。

执行【书籍】调板快捷菜单中的【书籍页码选项】命令，如图7-81所示。在弹出的【书籍页码选项】对话框中，可以设置页面顺序，如图7-82所示，单击【确定】按钮，页码设置完成。

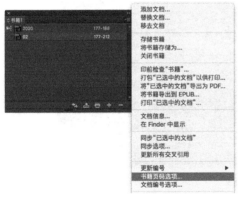

图 7-81　　　　　　　　　　　　　　　　　　图 7-82

3. 书籍文档其他功能

【书籍】调板快捷菜单中还有其他功能，如印前检查书籍、文档信息、将选中的文档导出为PDF、打印已选中的文档等，在此不再赘述。

7.5　目录

InDesign可以为文档或书籍生成目录。目录中可以列出书籍、杂志或其他出版物的内容,可以显示插图列表、广告商或摄影人员名单,也可以包含有助于用户在文档或书籍中查找信息的其他信息。一个文档可以包含多个目录,如章节列表和插图列表。

每个目录都是一篇由标题和条目列表(按页码或字母顺序排序)组成的独立文章。条目(包括页码)直接从文档内容中提取,并可以随时更新,甚至可以跨越同一书籍中的多个文档进行操作。

7.5.1 创建目录

创建目录有3个主要步骤。首先,创建并应用要作为目录基础的段落样式。其次,指定要在目录中使用哪些样式及如何设置目录的格式。最后,将目录排入文档中。

目录条目会自动添加到【书签】调板中,以便导出并在 Adobe PDF 的文档中使用。

如果要为单篇文档创建目录,需要在文档开头添加一个新页面。执行【版面】>【目录】命令,弹出【目录】对话框,如图7-83所示。

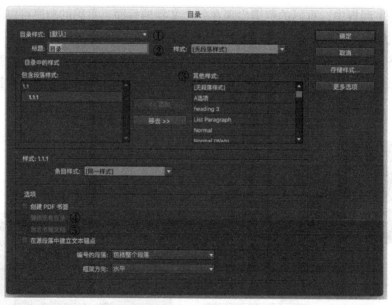

图 7-83

(1)若已经为目录定义了具有适当设置的目录样式,则可以在【目录样式】下拉列表中选择该样式。

(2)在【标题】文本框中,输入目录标题(如目录或插图列表)。此标题将显示在目录顶部。要设置标题的格式,可在【样式】下拉列表中选择一个样式。

(3)确定在目录中包括哪些内容,可双击【其他样式】列表框中的段落样式,将其添加到【包含段落样式】列表框中来实现。

(4)选中【替换现有目录】复选框,替换文档中所有现有的目录文章。若想生成新的目录(如插图列表),则取消选中此复选框。

(5)选中【包含书籍文档】复选框,为书籍列表中的所有文档创建一个目录,然后重新编排该书的页码。若只想为当前文档生成目录，则取消选中此复选框（如果当前文档不是书籍的组成部分，此复选框将变灰不可选择）。

7.5.2 目录样式

若需要在文档或书籍中创建不同的目录，或在另一个文档中使用相同的目录格式，则可为每种类型的目录创建一种目录样式。例如，可以将一个目录样式用于内容列表，将另一个目录样式用于广告商、插图或摄影人员列表。

要设置目录样式，可执行【版面】>【目录样式】命令，弹出【目录样式】对话框，如图7-84所示。

单击【新建】按钮，弹出【新建目录样式】对话框。为要创建的目录样式输入一个名称，在【标题】文本框中，输入目录标题（如目录或插图列表）。此标题将显示在目录顶部。要指定标题样式，可在【样式】下拉列表中选择一个样式。在【其他样式】列表框中，选择与目录中所含内容相符的段落样式，然后单击【添加】按钮，将其添加到【包含段落样式】列表框中。设置【选项】选项组中的选项，以确定如何设置各个段落样式的格式，如图7-85所示。

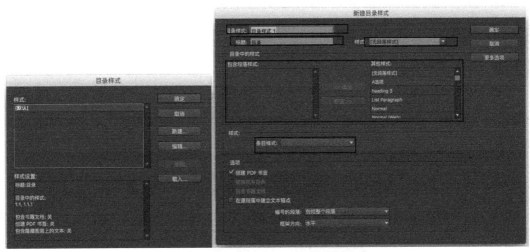

图 7-84   图 7-85

7.5.3 更新目录

目录相当于文档内容的缩影。若文档中的页码发生变化，或对标题与目录条目关联的其他元素进行了编辑，则需要重新生成目录以便进行更新。

如果更改目录条目，应该编辑所涉及的单篇文档或编入书籍的多篇文档，而不是编辑目录文章本身。如果更改应用于目录标题、条目或页码的格式，应该编辑与这些元素关联的段落或字符样式。如果更改页面的编号方式（如1、2、3 或 i、ii、iii），应该更改文档或书籍中的章节页码。如果指定新标题，或在目录中使用其他段落样式，或对目录条目的样式进行进一步设置，应编辑目录样式。

所有更改完成后，执行【版面】>【更新目录】命令，即可完成对目录的更新。

7.5.4 编辑目录

若需要编辑目录，则应编辑文档中的实际段落（而不是目录文章），然后生成一个新目录。若编辑目录文章，则会在生成新目录时丢失修订内容。出于相同的原因，应对用来设置目录条目格式的样式进行编辑，而不是直接设置目录的格式。

7.6 图层

每个文档都至少包含一个已命名的图层。通过使用多个图层，可以创建和编辑文档中的特定区域或各种内容，而不会影响其他区域或其他种类的内容。例如，如果文档因包含很多大型图形而打印速度缓慢，就可以让文档中的文本单独使用一个图层；这样，在需要对文本进行校对时，可以隐藏所有其他的图层，快速地仅将文本图层打印出来进行校对。

可以将图层想象为层层叠加在一起的透明纸。如果一个图层上没有对象，就可以透过它看到它后面的图层上的任何对象。

7.6.1 创建图层

在文档中执行【窗口】>【图层】命令，打开【图层】调板，在【图层】调板中包含一个默认的"图层1"。单击【图层】调板下方的【创建新图层】按钮，在调板中创建一个新的图层，如图7-86所示。

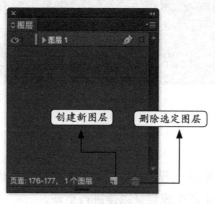

图 7-86

另一种创建图层的方法是在【图层】调板快捷菜单中执行【新建图层】命令，弹出【新建图层】对话框，在该对话框中包含多个选项，如图7-87所示。

图 7-87

颜色：指定颜色以标识该图层上的对象。

显示图层：选中此复选框使图层可见。选中此复选框与在【图层】调板中使眼睛图标可见的效果相同。

显示参考线：选中此复选框可以使图层上的参考线可见。如果没有为图层选中此复选框，即使通过为文档执行【视图】>【显示参考线】命令，参考线也不可见。

锁定图层：选中此复选框可以防止对图层上的任何对象进行更改。选中此复选框与在【图层】调板中使交叉铅笔图标可见的效果相同。

锁定参考线：选中此复选框可以防止对图层上的所有标尺参考线进行更改。

打印图层：选中此复选框可允许图层被打印。当打印或导出 PDF格式的文档时，可以决定是否打印隐藏图层和非打印图层。

图层隐藏时禁止文本绕排：在图层处于隐藏状态并且该图层包含应用了文本绕排的文本时，要使其他图层上的文本正常排列，需选中此复选框。

设置完成后，单击【确定】按钮，新建的图层便会出现在【图层】调板上。

> **ⓘ 技巧**
>
> 这些选项在图层创建后也可以进行修改，方法是在图层上双击，弹出【图层选项】对话框，在该对话框中对各个选项进行修改。

7.6.2　复制图层

复制图层时，将复制其内容和设置。在【图层】调板中，复制图层将显示在原图层上方。与图层中其他框架串接的任何复制框架仍保持串接状态。若复制框架的原始框架与其他图层上的框架串接，则复制框架将不再与这些框架串接。

在【图层】调板中单击要复制的图层将其选中，在图层上按住鼠标左键将图层拖曳到【创建新图层】按钮上，如图7-88所示。松开鼠标左键，便可将图层复制。或在【图层】调板快捷菜单中执行【复制图层】命令，如图7-89所示，也可将图层复制。

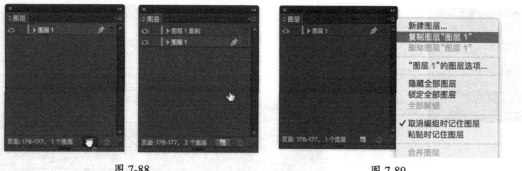

图 7-88 　　　　　　　　　　　　　　　　　　　图 7-89

7.6.3　更改图层顺序

可以通过在【图层】调板中重新排列图层来更改图层在文档中的排列顺序。重新排列图层顺序将更改每个页面上的图层顺序，而不只更改目标跨页上的图层顺序。还可以通过重新定位图层内的对象，更改图层内对象的堆叠顺序。

在【图层】调板中选中要更改顺序的图层，在该图层上按住鼠标左键，将其拖曳至要调整的位置，如图7-90所示。此时，松开鼠标左键，图层的顺序即被更改，如图7-91所示。

图 7-90 　　　　　　　　　　　　　　　　　　　图 7-91

7.6.4　隐藏或显示图层和对象

在【图层】调板中可以随时隐藏或显示任何图层，也可以随时隐藏或显示图层上的对象。一旦隐藏了图层和对象，这些图层和对象将无法被编辑，也无法显示在屏幕上，而且在打印时也不会显示出来。当要执行下列任一操作时，隐藏图层可能很有用。

如果要一次隐藏或显示一个图层，可以在【图层】调板中单击图层名称最左侧的方块，以隐藏或显示该图层的眼睛图标，如图7-92所示。

如果要隐藏或显示图层中的各个对象，单击向右三角形按钮以查看图层中的所有对象，然后单击眼睛图标以隐藏或显示该对象，如图7-93所示。

要隐藏除选定图层外的所有图层，或隐藏图层上除选定对象外的所有对象，在【图层】调板快捷菜单中执行【隐藏其他】命令，如图7-94所示。

图 7-92   图 7-93

  要显示所有图层，在【图层】调板快捷菜单中执行【显示全部图层】命令，如图7-95
所示。

图 7-94   图 7-95

7.6.5 将图层设置为非打印图层

  要将图层设置为非打印图层，则在【图层】调板快捷菜单中执行【图层选项】命令，如
图7-96所示。弹出【图层选项】对话框，在该对话框中取消选中【打印图层】复选框，如图
7-97所示，单击【确定】按钮。

   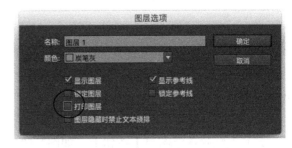

图 7-96   图 7-97

7.6.6 锁定或解锁图层

锁定图层可以防止对图层的意外更改。在【图层】调板中，锁定的图层会显示一个交叉铅笔图标。锁定图层上的对象不能被直接选定或编辑；但是，如果锁定图层上的对象具有可以间接编辑的属性，这些属性将被更改。例如，编辑色调色板，则锁定图层上使用该色调色板的对象将反映这一变化。与此类似，将一系列串接文本框同时放置在锁定和解锁的图层上将不会防止锁定图层上的文本重排。

每次锁定或解锁一个图层，都要在【图层】调板中单击左数第二栏中的方块，以显示（锁定）或隐藏（解锁）该图层，如图7-98所示。

图 7-98

要锁定除目标图层外的所有图层，可在【图层】调板快捷菜单中执行【锁定其他】命令，如图7-99所示。要解锁所有图层，可执行【图层】调板快捷菜单中的【解锁全部图层】命令，如图7-100所示。

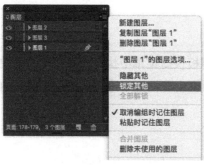
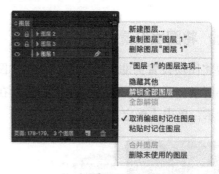

图 7-99   图 7-100

7.6.7 删除图层

在删除图层前，首先考虑隐藏其他所有图层，然后转到文档的各页，以确认删除其余对象是安全的。

删除单个图层可在【图层】调板中选中要删除的图层，将图层从【图层】调板中拖曳到调板下方的【删除选定图层】按钮上，如图7-101所示；或在【图层】调板快捷菜单中执行【删除图层】命令，如图7-102所示。

图 7-101   图 7-102

删除多个图层，可按住【Command】（Ctrl）键的同时在【图层】调板中单击要删除的图层以将其选中，然后将这些图层拖到【删除选定图层】按钮上，即可将选中的所有图层删除，如图7-103所示；或者在选中图层后，在【图层】调板快捷菜单中执行【删除图层】命令，如图7-104所示。

删除所有未使用的图层，可在【图层】调板快捷菜单中执行【删除未使用的图层】命令，即可将文档中所有未使用的图层删除，如图7-105所示。

删除图层上的某个对象，可在【图层】调板中选中该对象，然后单击【图层】调板下方的【删除选定图层】按钮，即可将该对象删除，如图7-106所示。

图 7-103   图 7-104   图 7-105   图 7-106

7.7 综合案例——设计刊物内页

本刊物内页由于有一个内展开的广告页，所以需要在页面中设置该广告页的尺寸，该案例主要涉及【页面】调板的使用

知识要点提示

◆ 【页面】调板的使用

◆ **素材：配套资源/第7章/综合案例**

操作步骤

01 执行【文件】>【新建】>【文档】命令，弹出【新建文档】对话框，在对话框中设置【页

数】为"10"，【宽度】和【高度】分别为"210毫米"和"270毫米"，如图7-107所示。
单击【边距和分栏】按钮，弹出【新建边距和分栏】对话框，将上、下、内、外的边距都
设置为"20毫米"，设置【栏数】为"1"，单击【确定】按钮，如图7-108所示。

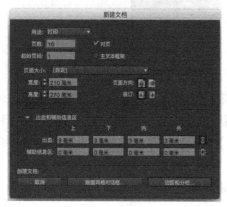
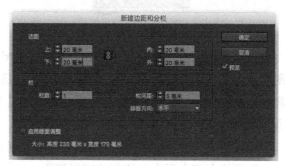

图 7-107　　　　　　　　　　　　　　　　　　图 7-108

02 单击【页面】调板右侧的黑三角按钮，在弹出的快捷菜单中执行【新建主页】命令，【新
建主页】对话框中的参数如图7-109所示。

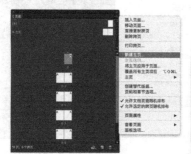

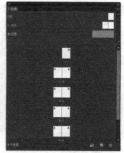

图 7-109

03 双击"B-主页"缩略图图标并按住鼠标左键拖曳，到页面"3"缩略图上松开，此时弹出
【主页大小冲突】对话框，单击【使用主页大小】按钮，使用【矩形工具】绘制矩形，同
样的方法设置页面"4"，如图7-110所示。

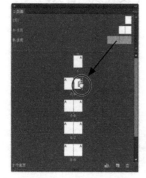

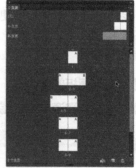

图 7-110

04 双击 "A-主页" 名称，文档页面跳转到A主页，如图7-111所示。打开【图层】调板，新建一个 "图层2"，如图7-112所示。

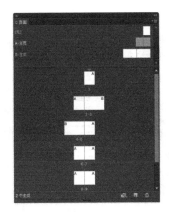

图 7-111

图 7-112

05 在 "A-主页" 页面的下方添加 "当前页码"，并设置字体、字号和居中对齐，如图7-113所示。

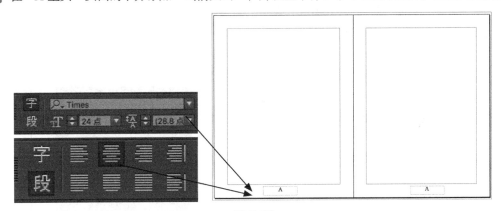

图 7-113

06 双击 "页面1" 缩略图，文档页面跳转到 "页面1"，如图7-114所示。单击【图层】调板中的 "图层1"，激活该图层，如图7-115所示。

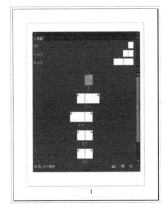

图 7-114

图 7-115

07 置入图像，调整其大小和位置，使其铺满整个页面，如图7-116所示。置入文字，并设置标题和正文的文字属性，如图7-117所示。再置入签字图像，调整其大小和位置，如图7-118所示。

图 7-116

图 7-117

图 7-118

08 选中并跳转到页面"2"，置入图像、文字，调整好图文关系，如图7-119所示。

09 选中并跳转到页面"5"，如图7-120所示。

图 7-119

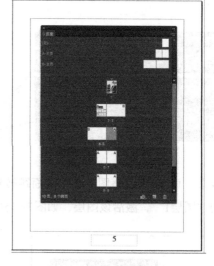
图 7-120

10 右键单击页面"5"，在弹出的快捷菜单中选择【页码和章节选项】命令，如图7-121所示。在弹出的【页码和章节选项】对话框中设置相应参数，如图7-122所示，页面缩略图的页码发生变化，如图7-123所示。

11 在【页面】调板快捷菜单中选择【将主页应用于页面】命令，在弹出的【应用主页】对话框中单击【确定】按钮，可以看到页面中的页码发生变化，如图7-124、图7-125、图7-126所示。

图 7-121

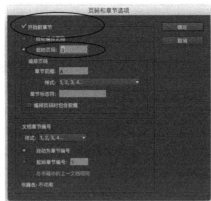

图 7-122

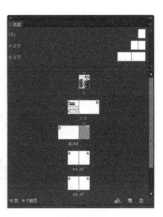

图 7-123

图 7-124

图 7-125

图 7-126

12 跳转到页面"3"，置入"广告1"图像，如图7-127所示。

图 7-127

13 跳转到页面"4"，置入"广告2"图像；跳转到页面"A3"，置入图像、文字，编排好图文，如图7-128所示。用同样的方法完成其余的页面排版，刊物内页设计完成。

图 7-128

7.8 本章习题

选择题

（1）主页可以具有（　　）图层，就像文档中的页面一样。

　　A. 多个　　　　　　B. 单个　　　　　　C. 两个

（2）在文档中可以设置页码的编号和不同页面的（　　）。

　　A. 编号　　　　　　B. 页码　　　　　　C. 大小

（3）在文档中页面不可以被（　　）。

　　A. 移动和复制　　　B. 添加和删除　　　C. 编组

第 **8** 章

表　格

本章主要介绍在InDesign中表格的获取与编辑。通过对本章的学习，应掌握获取表格的几种方法，以及获取表格后对表格进行编辑和加工的常用菜单及选项。

8.1 表格基础

表格是由单元格的行和列组成的。单元格类似于文本框，可在其中添加文本、定位框架或其他表格。可以在 InDesign CC 中创建表格，也可以从其他应用程序导入表格，还可将文本转换为表格。

8.1.1 表格定义

表格简称表，表格的种类很多，从不同角度可有多种分类方法。

（1）按其结构形式划分。表格可分为横直线表、无线表及套线表三类。用线作为行线和列线，而排成的表格称为横直线表，也称卡线表；不用线而以空间隔开的表格称为无线表；把表格分排在不同版面上，然后通过套印而印成的表格称为套线表。在书刊中应用最为广泛的是横直线表。

（2）按其排版方式划分。表格可分为书刊表格和零件表格两大类。书刊表格如数据、统计表和流程表等，零件表格如工资表、记账表和考勤表等。

普通表格一般可分为表题、表头、表身和表注4部分，如图8-1所示。

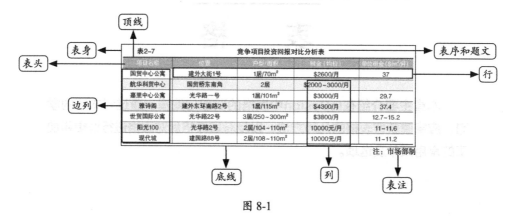

图 8-1

表题由表序和题文组成，一般采用与正文同字号或小1个字号的黑体字排版。

表头由各列头组成，表头文字一般采用比正文小1~2个字号的文字排版。

表身是表格的内容与主体，由若干行、列组成，列的内容有项目栏、数据栏及备注栏等，各栏中的文字要求采用比正文小1~2个字号的文字排版。

表注是表的说明，要求采用比表格内容小1个字号的文字排版。

表格中的横线称为行线，竖线称为列线，行线之间称为行，列线之间称为列。每行最左边一格组成的列称为（左）边列、项目栏或竖表头，即表格的第一列；列头是表头的组成部分，列头所在的行称为头行，即表格的第一行。边列与第二列的交界线称为边列线，头行与第二行的交界线称为表头线。

表格的四周边线称为表框线。表框线包括顶线、底线和墙线。顶线和底线分别位于表格

的顶端和底部；墙线位于表格的左右两边。由于墙线是竖向的，所以又称为竖边线。表框线
应比行线和列线稍粗一些，一般为行线和列线的两倍，在原来的排版书籍中也被称为反线。
在某些书籍中表格也可以不排墙线。

8.1.2 创建表格

在InDesign CC中可以直接创建表格。

使用【文字工具】绘制一个文本框，如图8-2所示。执行【表】>【插入表】命令，弹出
【插入表】对话框。在该对话框中设置正文行中的水平单元格数及列中的垂直单元格数，此
处设置【正文行】为"8"，【列】为"9"，如图8-3所示。单击【确定】按钮，在文本框
中就出现了新建的表格，如图8-4所示。

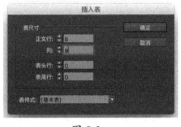
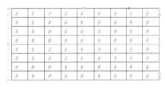

图 8-2　　　　　　　　　　　图 8-3　　　　　　　　　　　图 8-4

可以看到表格以文本框为容器，所有文本框的属性和编辑方式对表格的文本框也同样有
效，如图8-5所示，因此表格的文本框也会出现"溢流表格"和"串接表格"等情况，如
图8-6所示。

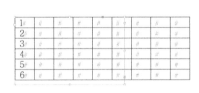
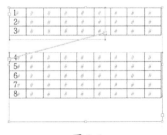

图 8-5　　　　　　　　　　　　　　　　图 8-6

当需要移动表格时，需要使用【选择工具】选中文本框，然后再移动。文本框的大小应
尽量与表格大小匹配，这样更便于操作，如图8-7所示。

图 8-7

8.1.3 导入表格

在InDesign中不但可以直接创建表格，而且可以导入第三方软件创建的表格，如Word 文档或 Excel 电子表格。导入的数据需是可以编辑的表。使用【导入选项】对话框可以控制格式。可以使用置入的方式和复制的方式将表格导入页面中。

执行【文件】>【置入】命令，在弹出的对话框中选择要置入的表格，如图8-8所示。单击【打开】按钮，在文档的页面中单击，表格置入文档中，如图8-9所示。

图 8-8　　　　　　　　　　　　　　　　　　　图 8-9

在 Excel中选中表格后复制，如图8-10所示，然后在InDesign中选择【选择工具】，执行【编辑】>【粘贴】命令，表格被导入文档中，如图8-11所示。

图 8-10　　　　　　　　　　　　　　　　　　图 8-11

8.1.4 文本转换为表格

InDesign支持将页面中已有的文本直接转换为表格，并且以特定的字符或标点来设置行和列。通常使用"制表符"设置"列"，使用"段落回车符"设置"行"。"制表符"通过按【Tab】键得，"段落回车符"通过按【Enter】键获得，操作步骤如下。

❶使用【文字工具】选择要转换为表的文本，如图8-12所示。

❷执行【表】>【将文本转换为表】命令，在弹出的【将文本转换为表】对话框中，【列分隔符】选择【制表符】，【行分隔符】选择【段落】，单击【确定】按钮，如图8-13所示；文本转换为表格，如图8-14所示。

图 8-12　　　　　　　　　　　图 8-13　　　　　　　　　　　图 8-14

8.2　编辑表格

在InDesign CC中获取表格之后，这些表格大多是不符合排版要求和规范的，这时就需要对表格进行编辑。InDesign CC中表格编辑的功能非常强大，可以对表格的内容、表格的行数和列数、表格的颜色、表格的大小等属性进行调整，使其符合排版要求和规范。

8.2.1　选择表格

在InDesign中获取的表格，被文本框包裹，使用【选择工具】可以编辑该文本框，如进行移动等操作。若需编辑表格，如表格中的单元格、行和列等元素，则需要使用【文字工具】。

单元格是构成表格的基本元素，要选择单元格，首先使用【文字工具】在要选择的单元格内单击插入光标，执行【表】>【选择】>【单元格】命令，即可将单元格选中，如图8-15所示。

图 8-15

使用【文字工具】将光标插入单元格内后，执行【表】>【选择】>【行】命令，即可将表的整行选中；选择【列】则该列被选中；选择【表】则整个表被选中，如图8-16所示。

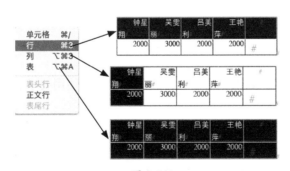

图 8-16

使用同样的方法，执行【表】>【选择】子菜单中的命令，还可以选中表头行、正文行和表尾行。

使用命令选择单元格的操作比较烦琐，InDesign提供更便捷的方式，操作步骤如下。

（1）选中单元格。

❶使用【文字工具】在单元格的文字中输入插入点，如图8-17所示。

❷向右下方拖曳鼠标，直到整个单元格黑显，松开鼠标左键，该单元格被选中，如图8-18所示。

图 8-17

图 8-18

（2）选择整行单元格。

❶选择【文字工具】，将光标移动到表格左线上，光标变为➡形状，如图8-19所示。

❷单击即整行被选中，如图8-20所示。同样的方法可以选中整列。

图 8-19

图 8-20

（3）选择整个表格所有单元格。

❶选择【文字工具】，将光标移动到表格左上交线上，光标变为↘形状，如图8-21所示。

❷单击即整个表格被选中，如图8-22所示。

图 8-21

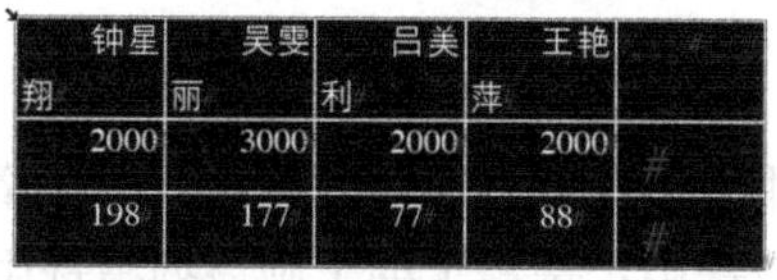

图 8-22

8.2.2 插入行或列

对于已创建好的表格，如果表格中的行或列不能满足使用要求，可通过相关命令自行插入行或列。

1. 插入行

选择工具箱中的【文字工具】，在需要插入行位置的下面一行或上面一行的任意单元格内单击，输入插入点，如图8-23所示；然后执行【表】>【插入】>【行】命令，弹出【插入行】对话框，在该对话框中设置需要的行数和位置，如图8-24所示；单击【确定】按钮完成插入行操作，如图8-25所示。

图 8-23

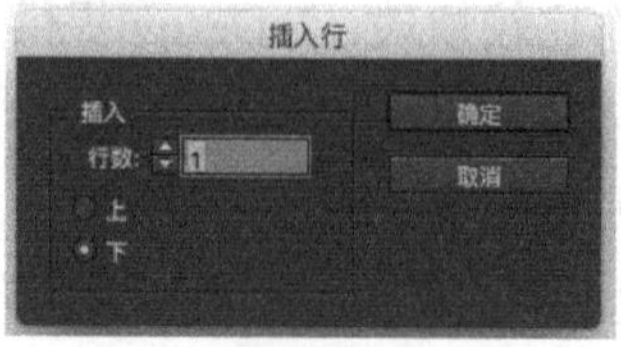

图 8-24

图 8-25

2. 插入列

插入列的操作与插入行的操作类似。选择工具箱中的【文字工具】，在要插入列的左一列或右一列的任意单元格内单击，输入插入点，然后执行【表】>【插入】>【列】命令，弹出【插入列】对话框。在该对话框中设置需要的列数和位置，单击【确定】按钮完成插入列操作。

8.2.3 合并拆分单元格

在InDesign CC中可以对表格的多个单元格进行合并，还可以将单元格在水平或垂直方向上进行拆分，以方便编辑表格内容。

1. 合并单元格

使用【文字工具】将要合并的单元格选中，如图8-26所示。执行【表】>【合并单元格】命令，合并所选的单元格，如图8-27所示。

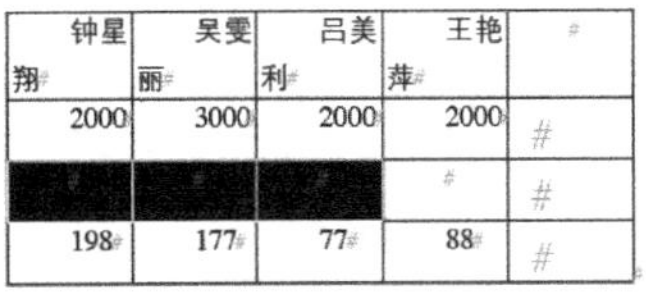

图 8-26

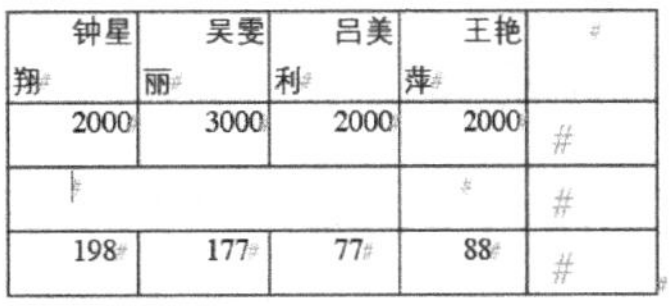

图 8-27

2. 拆分单元格

选择工具箱中的【文字工具】，选中需要水平拆分的单元格，如图8-28所示。

执行【表】>【水平拆分单元格】命令，水平拆分选中的单元格，如图8-29所示。

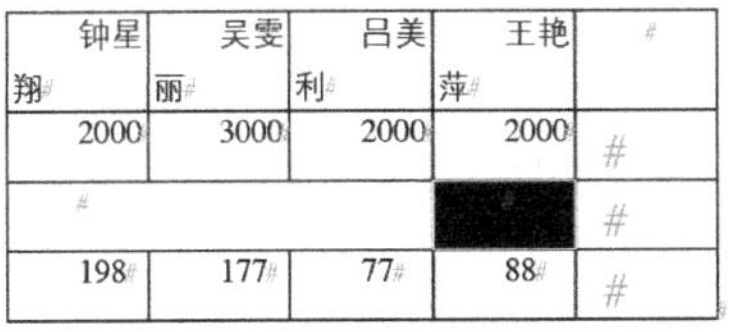

图 8-28

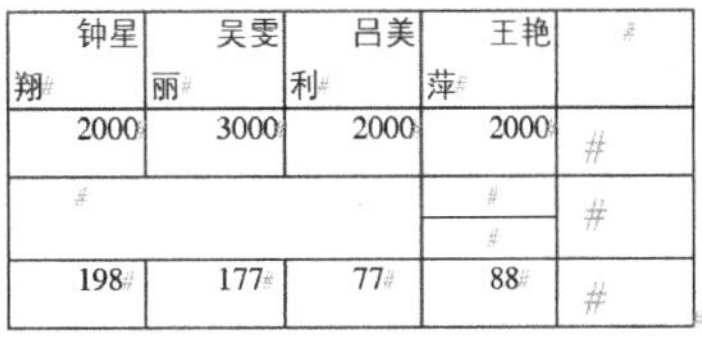

图 8-29

8.2.4 均匀分布行或列

1. 均匀分布行

使用【文字工具】在表格中将需要统一高度的行全部选中，单击鼠标右键，在弹出的快捷菜单中执行【均匀分布行】命令，如图8-30所示。选中的行将均匀分布行的高度，得到如图8-31所示的表格效果。

2. 均匀分布列

均匀分布列的操作与均匀分布行一样，也可以通过执行【表】>【均匀分布列】命令实现均匀分布列，表格的每一列宽度一致，前后对比如图8-32、图8-33所示。

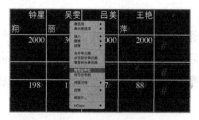

图 8-30　　　　　　　　　　　　　　　　　图 8-31

图 8-32　　　　　　　　　　　　　　　　　图 8-33

8.2.5　单元格选项

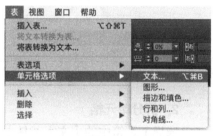

图 8-34

使用表格的【单元格选项】命令可对文本、图形、描边和填色、行和列、对角项等选项进行设置，使表格更加个性化，表现的形式更多样化，如图8-34所示。

1．文本

使用【文字工具】在表格中输入插入点或选中单元格，执行【表】>【单元格选项】>【文本】命令，弹出【单元格选项】对话框。通过【文本】选项卡设置单元格内文本的排版方向、内边距及对齐方式等参数。

【排版方向】：用于控制单元格文字的横排或竖排，如图8-35所示。

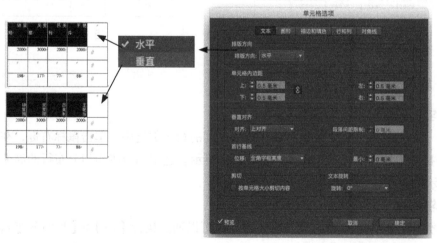

图 8-35

【单元格内边距】：用于调整单元格内文本与表格线的距离，如果设置的边距数值较大，表格会自动调整单元格大小，如图8-36所示。

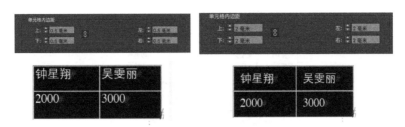

图 8-36

【垂直对齐】：用于调整单元格内文本在单元格内的纵向排列方式，分为上对齐、居中对齐、下对齐、撑满4种方式，如图8-37所示。

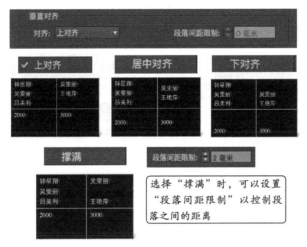

图 8-37

【首行基线】：用于设置单元格内文本与单元格顶部的偏移方式和距离，该设置与【文本框架选项】对话框的【基线选项】一致，如图8-38所示。

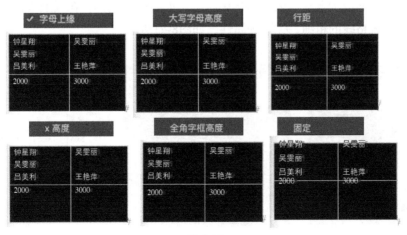

图 8-38

【剪切】：选中【按单元格大小剪切内容】复选框，选中的单元格将会以框为剪切板，屏蔽掉超出本单元格对象的部分，如图8-39所示。

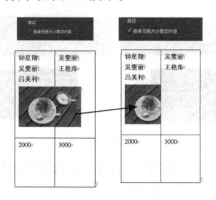

图 8-39

【文本旋转】：用于调整单元格内文字的旋转角度，如图8-40所示。

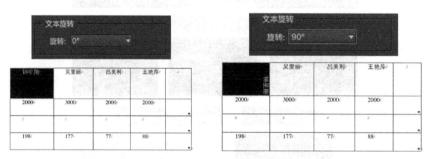

图 8-40

2. 描边和填色

在【单元格选项】对话框中选择【描边和填色】选项卡，在该选项卡中可以设置单元格的描边粗细、类型、颜色、色调和单元格的填色等。

在【单元格描边】的表格缩略图中先选择表格线，表格线包含4条外框线和2条内边线，默认情况下所有表格线为蓝显，表示为选中状态。如需取消选择，在线上单击即可。然后在下方参数中设置表格线的粗细、类型等属性，如图8-41所示。

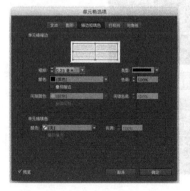

80%

图 8-41

使用【文字工具】选中单元格后，在【单元格填色】选项组中设置单元格的底色和色调，如图8-42所示。

图 8-42

3. 行和列

在【单元格选项】对话框的【行和列】选项卡中可以设置表格统一的行高或列宽。如果在【行高】下拉列表中选择【最少】选项，当添加文本或增加字号时，会增加行高；如果选择【精确】选项，当添加或删除文本时，行高不会改变，如图8-43所示。

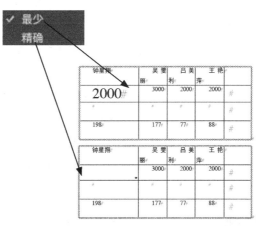

图 8-43

> **注意**
>
> 固定的行高经常导致单元格出现溢流，如图8-44所示。
>
> 单元格中出现"红点"，表示该单元格内有溢流文本，可手动拖曳框线，放大单元格直至文本出现。
>
> 图 8-44

当一个表格居于多个文本框中形成串接表格时，在【保持选项】选项组中选中【与下一行接排】复选框，则选中的所有行保持在同一文本框中，如图8-45所示。

图 8-45

在【保持选项】选项组的【起始行】下拉列表中选择任意项目，则选中的行会在所选的特定位置出现，如下一框架，如图8-46所示。

图 8-46

4. 对角线

对角线是表格中常见的设置，主要用于在某个单元格中区分不同的内容，如图8-47所示。

在【对角线】选项卡中可以选择对角线的4种形式，如图8-48所示。在【线条描边】选项组中可以设置对角线的粗细、颜色、类型等属性；在【绘制】下拉列表中可以设置内容在对角线的前或后。

姓名 月份	张三	李四	王五	钱六
1#	#			#
2#	#			#
3#	#			#
4#		#	#	#

图 8-47

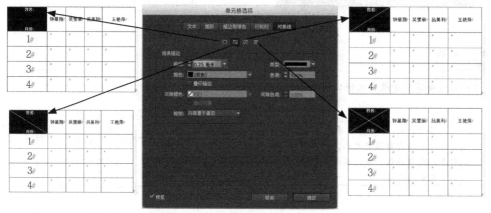

图 8-48

8.2.6　【表】调板和选项栏

通过【表】调板也可以对表格进行设置，其功能与【表格选项】一样，执行【窗口】>【文字与表】>【表】命令，弹出【表】调板，如图8-49所示。

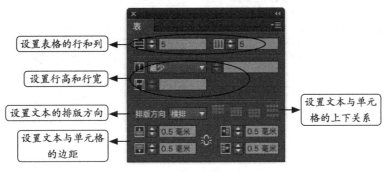

图 8-49

当使用【文字工具】选中表格后，选项栏将变为表格选项栏，在表格选项栏中包含了【表】窗口的所有功能，使用表格选项栏设置表格可提高工作效率，如图8-50所示。

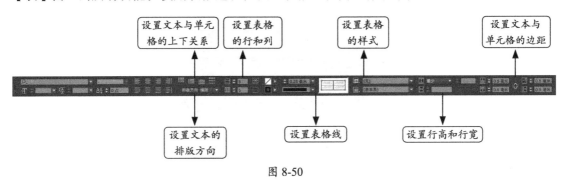

图 8-50

8.2.7　表选项

使用【表选项】命令可以修饰整个表格的外观，【表选项】对话框包括表设置、行线、列线、填色、表头和表尾等选项。

1. 表设置

使用【文字工具】选中表格后，执行【表】>【表选项】>【表设置】命令，弹出【表选项】对话框，如图8-51所示。

（1）表尺寸：用于设定表的行数和列数，包括【正文行】、【列】、【表头行】和【表尾行】。

（2）表外框：用于设置表格四周边框的粗细和颜色。

（3）表间距：用于设置表格前和表格后与文字或其他内容的距离。

2. 行线

执行【表】>【表选项】>【交替行线】命令，弹出【表选项】对话框，如图8-52所示。

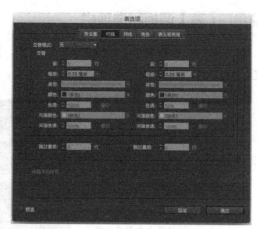

图 8-51   图 8-52

使用【交替行线】命令可以批量设置特定的行线，在【交替模式】下拉列表中选择一种类型，如【每隔一行】，然后在【交替】选项组中设置【前】和【后】行的线型、颜色等属性，设置完成后可以看到所有的行线交替发生变化，如图8-53所示。

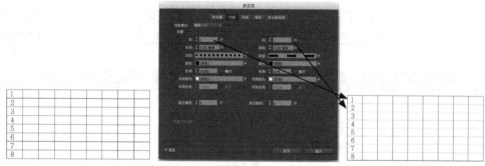

图 8-53

在【跳过最前】、【跳过最后】中设置参数，可以让前面的行或后面的行不发生交替变化，如图8-54所示。

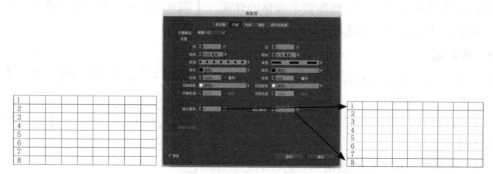

图 8-54

3. 列线

执行【表】>【表选项】>【交替列线】命令，在【列线】选项卡中可以设置表格列线的交替变化，其方法与行线设置方法一样。

4. 填色

执行【表】>【表选项】>【交替填色】命令，弹出【表选项】对话框，在【填色】选项卡中可以设置行或列间隔的填充色，可以设置间隔的模式、间隔的行数、间隔的颜色等，如选择【每隔一行】，如图8-55所示。

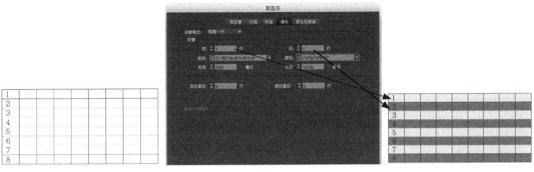

图 8-55

5. 表头和表尾

执行【表】>【表选项】>【表头和表尾】命令，弹出【表选项】对话框，在【表头和表尾】选项卡中可以添加表的表头和表尾，表头是指一个表的开头部分，表尾是指一个表的结尾部分。在【表头行】下拉列表中可以设置添加几行表头，在【表尾行】下拉列表中可以设置添加几行表尾，【重复表头】下拉列表和【重复表尾】下拉列表可以控制重复出现的地方，如图8-56所示。设置表头和表尾对于一个横跨多栏或多页面的表格非常重要，在实际工作中常会遇到多页面的长表格，让每个页面的开头部分和结尾部分一致，可以方便阅读，如图8-57所示。

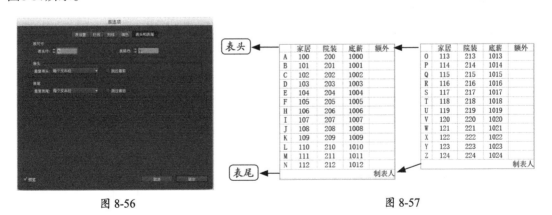

图 8-56　　　　　　　　　　　　　　　　图 8-57

对已经创建好的表格，如果需要将表格的首行或尾行转换为表头或表尾，可使用【文字工具】选中表格首行，执行【表】>【转换行】>【到表头】命令，即可将首行设置为表头，如图8-58所示。若需将表头转换为普通表行，执行【到正文】命令即可。

表头或表尾可以统一选中并编辑，如使用【文字工具】选中表头，然后修改文字的字体、字号，如图8-59所示。

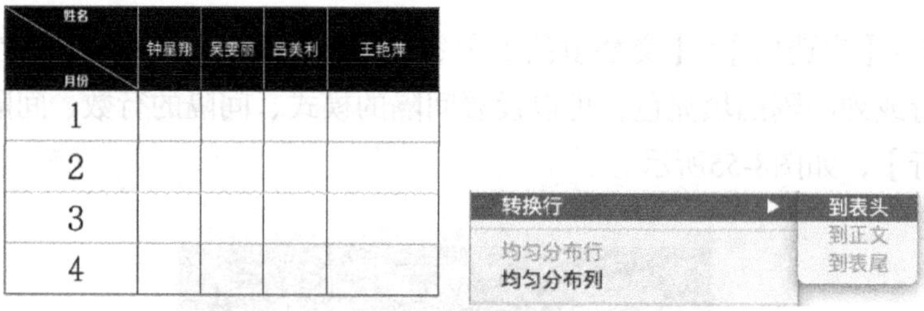

图 8-58

	家居	院装	底薪	额外
A	100	200	1000	
B	101	201	1001	
C	102	202	1002	
D	103	203	1003	
E	104	204	1004	
F	105	205	1005	
H	106	206	1006	
I	107	207	1007	
J	108	208	1008	
K	109	209	1009	
L	110	210	1010	
M	111	211	1011	
N	112	212	1012	
				制表人

	家居	院装	底薪	额外
O	113	213	1013	
P	114	214	1014	
Q	115	215	1015	
R	116	216	1016	
S	117	217	1017	
T	118	218	1018	
U	119	219	1019	
V	120	220	1020	
W	121	221	1021	
X	122	222	1022	
Y	123	223	1023	
Z	124	224	1024	
				制表人

	家居	院装	底薪	额外
A	100	200	1000	
B	101	201	1001	
C	102	202	1002	
D	103	203	1003	
E	104	204	1004	
F	105	205	1005	
H	106	206	1006	
I	107	207	1007	
J	108	208	1008	
K	109	209	1009	
L	110	210	1010	
M	111	211	1011	
N	112	212	1012	
				制表人

	家居	院装	底薪	额外
O	113	213	1013	
P	114	214	1014	
Q	115	215	1015	
R	116	216	1016	
S	117	217	1017	
T	118	218	1018	
U	119	219	1019	
V	120	220	1020	
W	121	221	1021	
X	122	222	1022	
Y	123	223	1023	
Z	124	224	1024	
				制表人

图 8-59

8.2.8 手动调整表格

默认情况下，行高由当前字体的全角框高度决定，因此若更改所有文本行中文字的大小，或更改行高设置，则行高也会改变，最大行高由【单元格选项】对话框【行和列】部分中的【最大值】设置确定。实际工作中，可以使用鼠标直接在表格线上进行调整。

1. 调整行线和列线

选择【文字工具】，然后将光标移动到行线上，当光标变为双箭头↕形状时，按住鼠标左键拖曳，行线被调整，行宽被改变，整个表格的大小也随之改变，如图8-60所示。

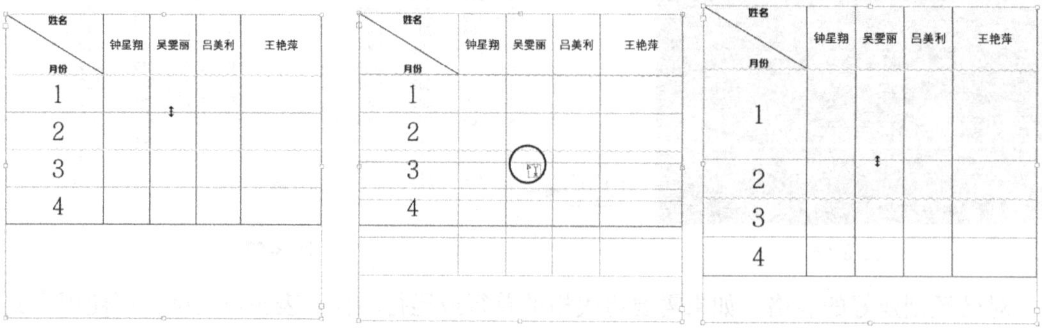

图 8-60

当按住【Shift】键并拖曳行线时，该行线仅在两行之间移动，行线上下的行宽被改变，整个表格的大小不会改变，如图8-61所示。列线的调整方法与行线一致。

图 8-61

当按住【Option】（Alt）键并向右拖曳列线时，可以添加一列，如图8-62所示。

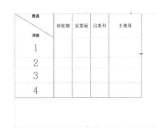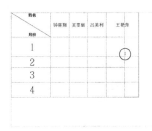

图 8-62

2. 调整外框线

通过调整表格的外框线可以调整表格的大小。选择【文字工具】，拖曳表格右列框线，可以看到表格的最后一列被调整，整个表格横向随之改变，如图8-63所示。按住【Shift】键并拖曳右列框线，所有列宽等比缩放。下横框线的调整方法与列框线一致。

图 8-63

在表格右列框线和下列线的交点处拖曳，可以同时调整所有的行高和列宽，如图8-64所示。下横框线的调整方法与列框线一致。

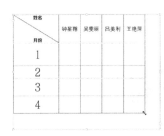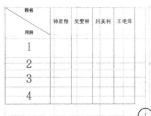

图 8-64

按住【Shift】键并在表格右列框线和下列线的交点处拖曳，可以等比调整所有的行高和列宽，如图8-65所示。

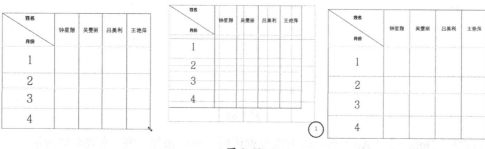

图 8-65

> ◈ **注意**
>
> 若表格在文章中跨多个文本框，则不能使用鼠标调整整个表的大小。

8.2.9 拆分与合并表格

InDesign还可以将表格拆分到两个或多个独立的文本框中，使用【文字工具】选中需要拆分的行，按【Command+X】（Ctrl+X）组合键剪切，然后绘制出一个新文本框，按【Command+V】（Ctrl+V）组合键粘贴，即可拆分当前表格到两个文本框中，如图8-66所示。

图 8-66

要将多个独立的表格合并成一个表格，有两种常用的方法。第一种方法是使用【文字工具】选中目标行，按【Command+C】（Ctrl+C）组合键复制选中的目标行，再使用【文字工具】全选合并表格，单击鼠标右键，在弹出的快捷菜单中选择【在后面粘贴】命令即可，如图8-67所示。

图 8-67

第二种方法是使用【文字工具】选中目标列，按【Command+C】（Ctrl+C）组合键复制选中的目标列，然后选中合并表格的最后一列，如图8-68所示。

图 8-68

在最后一列的后面插入与目标列相同的列数，如两个，然后选中这两个空白列，按【Command+V】（Ctrl+V）组合键，合并完成，如图8-69所示。

图 8-69

8.2.10 表格转换为文本

InDesign还可以将表格转换为文本，表格行内容的末端用回车符代替。操作步骤如下。

❶使用工具箱中的【文字工具】在要转换为文字的表格中任意位置单击，执行【表】>【选择】>【表】命令，将表格选中，如图8-70所示。

图 8-70

❷再执行【表】>【将表转换为文本】命令，弹出【将表转换为文本】对话框，如图8-71所示。单击【确定】按钮，表格线消失，表格转换为文本，如图8-72所示。

图 8-71   图 8-72

8.3 制表符

制表符可以将文本定位在文本框中特定的水平位置，也可以自定义对齐文本。下面介绍【制表符】调板的功能。

（1）执行【文字】>【制表符】命令，打开【制表符】调板，如图8-73所示。

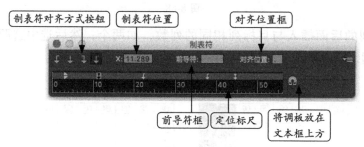

图 8-73

【制表符】调板中定位文本的4种不同定位符如下。

↓：左对齐文本（默认的对齐方式，最常用）。

↓：中心对齐文本（常用于标题）。

↓：右对齐文本。

↓：对齐文本中的特殊符号（常用于大量的数据统计中）。

（2）定位符的度量单位可通过首选项进行更改。执行【InDesign CC】>【首选项】>【单位和增量】命令，弹出【首选项】对话框。在【标尺单位】选项组的【水平】下拉列表中选择【厘米】选项，在【垂直】下拉列表中选择【厘米】选项，如图8-74所示。

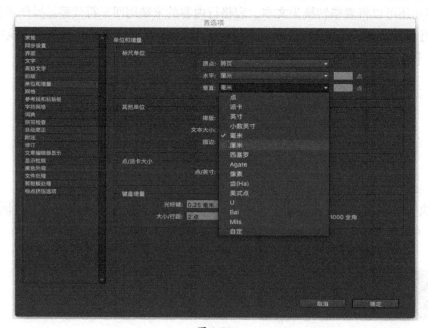

图 8-74

（3）在需要定位的文本处按【Tab】键，输入制表符，打开【制表符】调板，【制表符】调板会自动贴在文本上沿，此时可以在标尺上单击以输入定位符。若需调整定位符位置，则按住该定位符在标尺上拖曳，如图8-75所示。

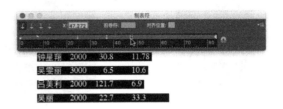

图 8-75

8.4 表样式和单元格样式

应用表样式和单元格样式功能，可以快速对大量的表格或单元格设置统一的属性，如表格线、单元格填色等。表样式和单元格样式与段落样式和字符样式一样，操作和应用的方法基本一致。

8.4.1 表样式

1. 创建表样式

创建表样式的方法有三种：直接在调板上创建、设置好表格后储存为样式及载入样式。直接在调板上创建的操作步骤如下。

❶执行【窗口】>【样式】>【表样式】命令，打开【表样式】调板，如图8-76所示。

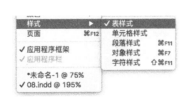

图 8-76

❷单击【表样式】调板的菜单图标▤，在弹出的下拉菜单中选择【新建表样式】命令，在弹出的【新建表样式】对话框中进行设置，如【样式名称】、【填色】等，设置完成后，单击【确定】按钮，得到一个表样式，如图8-77所示。

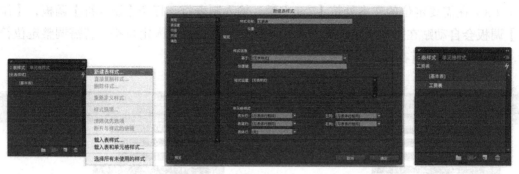

图 8-77

设置好表格后储存为样式的操作步骤如下。

❶使用【文字工具】选中一个已经设置好的表格，单击【表样式】调板下方的【创建新样式】按钮，如图8-78所示。

❷在【表样式】中得到一个新样式"表样式1"，表格的属性自动被储存该样式中，如图8-79所示。

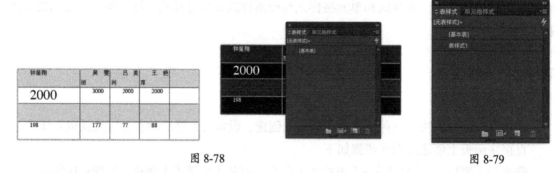

图 8-78   图 8-79

载入样式的操作步骤如下。

❶单击【表样式】调板的菜单图标，在弹出的下拉菜单中选择【载入表样式】命令，在弹出的对话框中选中包含需要载入样式的Indesign文档，单击【确定】按钮，如图8-80所示。

图 8-80

❷在弹出的【载入样式】对话框中选中需要的表样式，单击【确定】按钮，在【表样式】调板中得到载入的新样式，如图8-81所示。

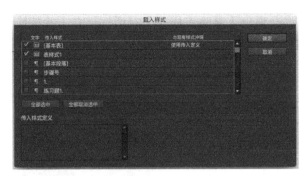

图 8-81

2. 编辑表样式

创建好的表样式可以被编辑修改，方法是选中需要编辑的表样式，单击【表样式】调板的菜单图标，在弹出的下拉菜单中选择【样式选项】命令，在弹出的【表样式选项】对话框中进行相应设置，单击【确定】按钮，如图8-82所示。或在【表样式】调板的相应表样式上双击，然后在弹出的【表样式选项】对话框中进行相应设置，也可完成编辑。

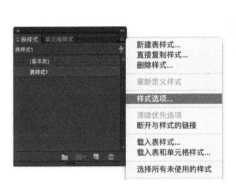
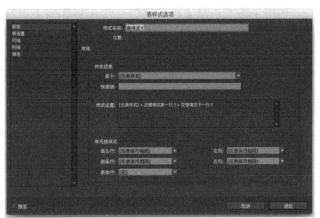

图 8-82

创建好的表样式也可以被删除，方法是选中需要删除的表样式，单击【删除】按钮即可，如图8-83所示。或在【表样式】调板的下拉菜单中选择【删除样式】命令也可删除表样式，如图8-84所示。

图 8-83

图 8-84

如果页面中应用了该样式，将会弹出【删除表样式】对话框，在【并替换为】下拉列表中选择一个用于替换的表样式即可，如图8-85所示。此时在【表样式】调板中，样式被删除，如图8-86所示。

图 8-85   图 8-86

3. 应用表样式

使用【文字工具】选中表格，在【表样式】调板中的样式栏上单击，即可对该表格应用表样式，如图8-87所示。

图 8-87

对应用了表样式的表格，如果需要取消应用表样式，可使用【文字工具】选中表格，在【表样式】调板的下拉菜单中选择【断开与样式的链接】命令即可，如图8-88所示。

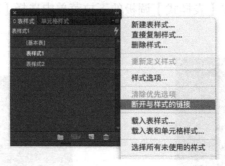

图 8-88

4. 重新定义样式和优先级别

对已经使用了表样式的表格，如果重新编辑了表格，在【表样式】调板中的样式名称旁

会出现图标 ，在【表样式】调板的下拉菜单中选择【重新定义样式】命令，可以将改变的属性储存到该样式中，图标  消失，如图8-89所示。

图 8-89

对重新编辑过的表格，如果需要清除新编辑的属性，可使用【文字工具】选中表格，在【表样式】调板中单击【清除选区中的优先选项】图标 即可，样式名称旁的图标 消失，如图8-90所示。

图 8-90

8.4.2　单元格样式

执行【窗口】>【样式】>【单元格样式】命令，打开【单元格样式】调板，如图8-91所示。

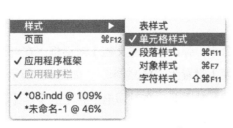

图 8-91

单击【单元格样式】调板的菜单图标 ，在弹出的下拉菜单中选择【新建单元格样式】命令，在弹出的【新建单元格样式】对话框中进行设置，如设置【样式名称】、【描边和填色】等，设置完成后，单击【确定】按钮，得到一个表样式，如图8-92所示。

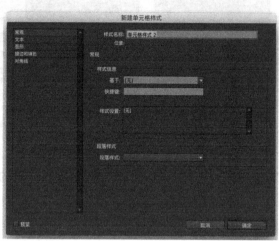

图 8-92

> **◆注意**
>
> 单元格样式的操作方法与表样式基本一致，在此不再赘述。

8.5　综合案例——台历

台历通常使用环装的装订方式，在设计时重要的信息（如logo、文字内容等）需要避让环装孔，环装孔的位置和孔距一般由印刷厂设置，因此在页面中不需要设计出来。

知识要点提示

- 表格的创建与编辑
- 使用行线、列线、交替颜色修饰表格
- 素材：配套资源/第8章/综合案例

操作步骤

01 执行【文件】>【新建】>【文档】命令，弹出【新建文档】对话框，在对话框中将文档的【宽度】设置为"210毫米"，【高度】设置为"140毫米"，如图8-93所示。单击【边距和分栏】按钮，弹出【新建边距和分栏】对话框，在对话框中将【上】、【下】、【内】和【外】的边距都设置为"0毫米"，如图8-94所示。

图 8-93　　　　　　　　　　　　　　　　　　图 8-94

02 单击【确定】按钮，新建的空白页面出现在文档中，使用【文字工具】沿版心绘制一个文本框，如图8-95所示。绘制文本框后，光标自动插入至文本框中，此时，执行【表】>【插入表】命令，弹出【插入表】对话框，在该对话框中设置【正文行】为"11"，【列】为"7"，如图8-96所示。

图 8-95　　　　　　　　　　　　　　　　　　图 8-96

03 单击【确定】按钮，将新建的表格插入文本框中，如图8-97所示，在单元格中输入相应的文字，如图8-98所示。

图 8-97　　　　　　　　　　　　　　　　　　图 8-98

04 使用【文字工具】全选表格，如图8-99所示，设置文字的字体、字号和居中对齐，如图8-100所示。

图 8-99　　　　　　　　　　　　　　　　　　图 8-100

05 使用【文字工具】选中首行，设置文字的字体、字号，如图8-101所示。

一	二	三	四	五	六	日
		1	2	3	4	5
		元旦	腊八节	初九	初十	十一
6	7	8	9	10	11	12
小寒	十三	十四	十五	十六	十七	十八
13	14	15	16	17	18	19
十九	二十	廿一	廿二	小年	廿四	廿五
20	21	22	23	24	25	26
大寒	廿七	廿八	廿九	除夕	春节	初二
27	28	29	30	31		

图 8-101

06 使用【文字工具】选中第3行，设置字号为"6点"，分别将5、7、9、11行字号都设置为"6点"，如图8-102所示。

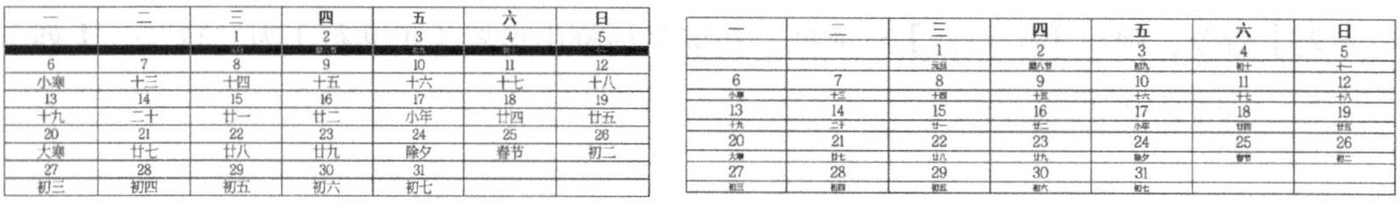

一	二	三	四	五	六	日

图 8-102

07 使用【文字工具】选中表格下方的10行，在【表选项】对话框中设置交替行线，如图8-103所示。

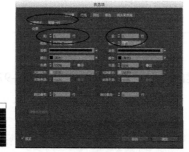

图 8-103

08 使用【文字工具】选中表格的最后两列，然后单击【色板】调板中的【格式针对文本】图标 **T**，再选择"红色"，表格列中的文字发生变化，如图8-104所示。

图 8-104

09 置入图像素材，并调整图像和表格的位置，如图8-105所示。输入装饰文字，设置字体、字号和颜色，如图8-106所示。再切换到别的页面，依次设计，整个台历设计完成。

图 8-105

图 8-106

8.6 本章习题

选择题

（1）表格按其结构形式可划分为三类，以下不对的是（　　）。

    A. 横直线表　　　　B. 无线表　　　　　C. 垂直线表

（2）表格的【单元格选项】命令可进行文本、填色和（　　）、行和列及对角线的设置，使表格更加个性化，表现的形式更多样化。

    A. 文字　　　　　　B. 段落　　　　　　C. 描边

（3）使用【表选项】命令可以修饰整个表格的外观，表选项包括表设置、行线、列线、（　　）、表头和表尾。

    A. 描边　　　　　　B. 填色　　　　　　C. 竖线

第 **9** 章

数字出版

InDesign不仅可以用于设计精美的印刷品，还可以设计用于电脑屏幕、平板电脑、手机等终端显示的数字媒体出版物。数字媒体出版物的内容更加丰富，可以添加视频、音频，数字媒体出版物的交互性特点使其渐渐成为一种应用更加广泛的设计产品。

9.1 数字出版基础知识

数字出版是指利用计算机软件将文字、图像、声音、影像等信息，通过数字方式记录在以光、电、磁为介质的设备中，并借助于特定的设备来读取、复制、传输。数字出版物作为一种新兴的媒体，主要以计算机、平板电脑、手机为载体，从而区别于以纸张为载体的传统出版物，如图9-1所示。

图 9-1

使用InDesign可以设计包含按钮转换、音频、视频、动画、超链接、书签和页面过渡效果的交互式文档，设计完成后导出特定的格式，即可使用网页浏览器、平板电脑、手机来阅读该文档，并且在这些终端可以应用在InDesign中设置的动画、按钮、书签、超链接、音频和视频，如图9-2所示。

图 9-2

9.2 书签

在InDesign文档中创建的书签与现实中的书签作用一样，都为了方便阅读而在某个页面做标记。在页面中建立书签，在导出PDF格式的文档后，每个书签都能跳转到导出文档中的某个页面、文本或图形，书签显示在Adobe Acrobat或Adobe Reader窗口左侧的【书签】选项卡中，如图9-3所示。

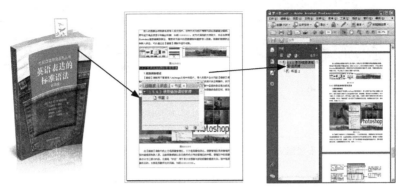

图 9-3

9.2.1 创建书签

在InDesign文档中，可以创建文字、图像、页面等类型的书签。当单击这些创建好的书签时，页面会跳转到书签页面。执行【窗口】>【交互】>【书签】命令，打开【书签】调板，使用【选择工具】选中页面中的某个对象，如图9-4所示。在【书签】调板中单击【创建新书签】按钮，即可创建一个该对象的书签，如图9-5所示。

图 9-4

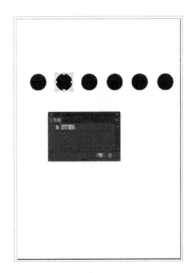

图 9-5

如果使用【文字工具】选中某些文字后创建书签，【书签】调板中的名称显示为文字内容，如图9-6所示。创建书签的另一种方法是执行【书签】调板快捷菜单中的【新建书签】命令，如图9-7所示。

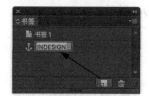

图 9-6　　　　　　　　　　　　　　　　　　　图 9-7

> **ⓘ 提示**
>
> 如果在创建新书签时有已经激活的书签，那么创建的书签将成为该书签的下级书签，如图9-8所示。
>
> 图 9-8

9.2.2　重命名书签

为了便于查阅书签，可以将书签重命名，在【书签】调板中选中一个书签，然后执行调板快捷菜单中的【重命名书签】命令，如图9-9所示。在弹出的【重命名书签】对话框中输入名称，单击【确定】按钮即可完成操作，如图9-10所示。

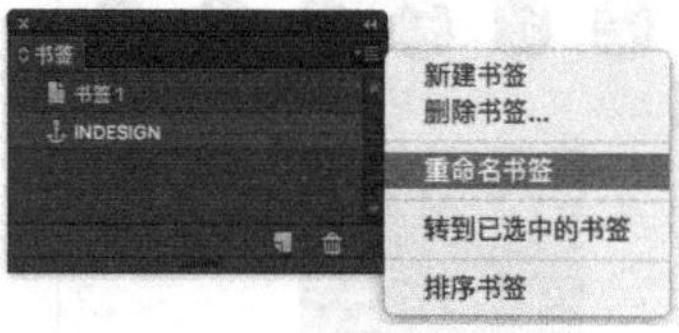

图 9-9 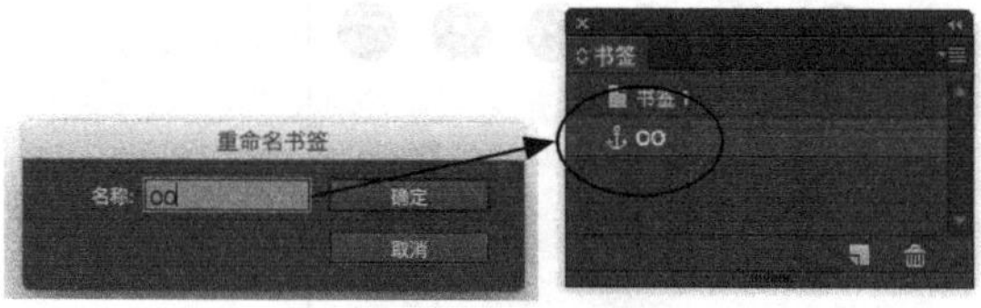　　　　　　　　　　　　　　　　　　　图 9-10

> **ⓘ 提示**
>
> 也可以直接在调板中编辑书签名称，选中一个书签，然后单击书签栏的名称，出现文本框，输入名称后按【Enter】键即可，如图9-11所示。
>
>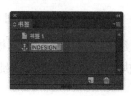
>
>
> 图 9-11

9.2.3　删除书签

创建好的书签可以被删除，方法是选中书签后，执行【书签】调板快捷菜单中的【删除书签】命令，在弹出的对话框中单击【确定】按钮，如图9-12所示；也可以在选中书签后，单击【删除选定书签】按钮，即可删除此书签，如图9-13所示。

图 9-12　　　　　　　　　　　　　　　　　　　图 9-13

9.2.4　排序书签

为了更好地管理书签，可以将书签按照页面顺序进行排列。执行【书签】调板快捷菜单中的【排序书签】命令，创建好的书签将按照创建的先后顺序排列在【书签】调板中，书签将自动按页面顺序进行排列，如图9-14所示。

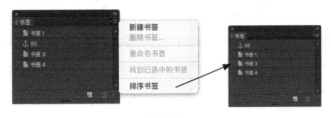

图 9-14

> **ℹ 提示**
>
> 也可以手动调整书签排序，在书签栏的书签上按住鼠标左键拖曳，到合适位置松开即可完成手动排序，如图9-15所示。
>
>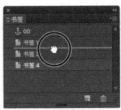
>
> 图 9-15

9.2.5　应用书签

在InDesign中双击【书签】调板中已经创建好的书签栏，或执行【书签】调板快捷菜单中的【转到已选中的书签】命令，可跳转到书签所在的页面，如图9-16所示。

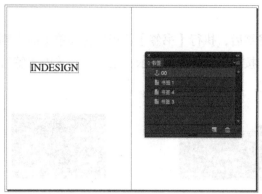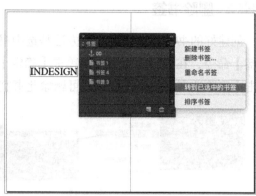

图 9-16

在Adobe Acrobat中打开包含书签的PDF文档，单击【书签】按钮，然后在展开的【书签】选项卡中单击书签，即可跳转至对应页面，如图9-17所示。

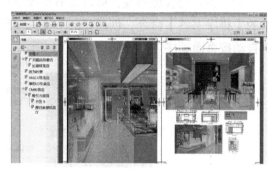

图 9-17

9.3 超链接

超链接也可以实现跳转功能，比书签更强大之处是，超链接不仅可以在本文档内不同页面之间跳转，还可以在不同的文档之间跳转，并且还可以跳转到互联网的网页中。

9.3.1 创建超链接

创建的超链接需要有"源"和"目标"。"源"像一个触发机关，单击这个"源"才能引发跳转动作，"源"可以是超链接文本、超链接文本框或超链接图形框；"目标"可以是超链接跳转到达的 URL、文件、电子邮件地址、页面文本锚点或共享目标。一个源只能跳转到一个目标，但可有任意数目的源跳转到同一个目标，如图9-18所示。

使用【选择工具】选中框架、图像等对象或使用【文字工具】选中文字，这些选中的对象都可以作为"源"，如图9-19所示。执行【窗口】>【交互】>【超链接】命令，在【超链接】调板快捷菜单中执行【新建超链接】命令，如图9-20所示。

图 9-18

图 9-19

图 9-20

　　弹出【新建超链接】对话框，在【链接到】下拉列表中选择链接类型，如【URL】，然后在【目标】选项组中设置名称，单击【确定】按钮，即可完成超链接设置，如图9-21所示。

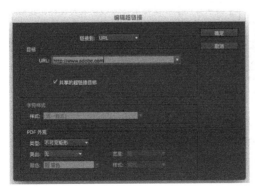 

图 9-21

　　在【新建超链接】对话框中的【链接到】下拉列表中可以选择多种链接类型，选择不同类型，其【目标】选项组的选项也不同，如图9-22所示。

【URL】是指创建指向网页的超链接，在【目标】选项组的【URL】文本框中输入网址后，单击该超链接可以跳转到目标网址

【文件】是指创建指向本机文件的超链接，在【目标】选项组的【路径】文本框中输入文件的路径后，单击该超链接可以使用对应的运行软件打开该目标文件

【电子邮件】是指创建指向电子邮件的超链接，在【目标】选项组的【地址】文本框中输入收件人的邮件地址，在【主题行】文本框中输入邮件标题，单击该超链接可以跳转到新建邮件窗口

【页面】是指创建指向InDesign页面的超链接，在【目标】选项组的【文档】下拉列表中可以选择已经打开并保存了的文档，在【页面】数值框中设置该文档的页面，单击该超链接可以使用文档的运行软件打开该文档，【缩放设置】下拉列表可以选择跳转到页面的视图状态

【文本锚点】是指创建指向选定文本或插入点位置的超链接；只有使用【文字工具】选定文本或建立插入点，然后在【超链接】调板快捷菜单中执行【新建超链接目标】命令后，才能在【目标】选项组的【文本锚点】下拉列表中出现设置的文本锚点

【共享目标】可以指定任何已命名的目标；在创建指向URL、文件或电子邮件地址时，若使用【URL】文本框添加URL或选中【共享的超链接目标】复选框时将会为目标命名

图 9-22

在【新建超链接】对话框中，只有源为文本才能选择【字符样式】中的【样式】，选中的【样式】将应用到该源文本中，如图9-23所示。【PDF外观】选项组用于设置文档输出为PDF后，单击超链接时发生的外观变化，如图9-24所示。

图 9-23

图 9-24

9.3.2 管理超链接

创建的超链接列在【超链接】调板中，使用【超链接】调板可以编辑、删除、重置或定位这些超链接，如图9-25所示。

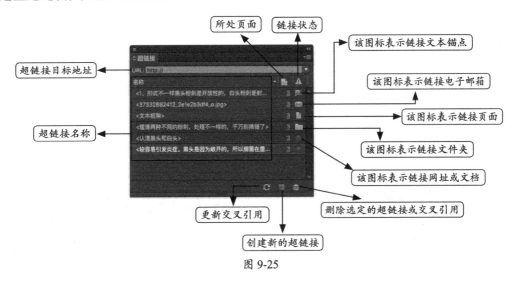

图 9-25

1. 编辑超链接

双击【超链接】调板中的超链接项目，在弹出的【编辑超链接】对话框中设置【链接到】为需要的选项，如【URL】，然后可以在【目标】选项组中输入新的目标地址，如图9-26所示。

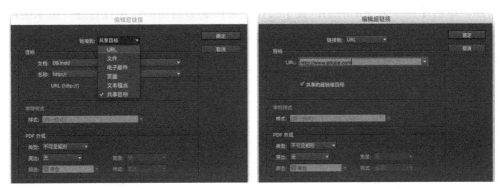

图 9-26

2. 删除超链接

在【超链接】调板中选中超链接项目，执行调板快捷菜单中的【删除超链接/交叉引用】命令，在弹出的对话框中单击【是】按钮，即可删除超链接；或在选中超链接项目后，单击调板下方的【删除选定的超链接或交叉引用】按钮也可删除超链接，如图9-27所示。

图 9-27

3．重命名超链接

在【超链接】调板中选中超链接项目，执行调板快捷菜单中的【重命名超链接】命令，在弹出的【重命名超链接】对话框中输入新名称，单击【确定】按钮，即重命名超链接，如图9-28所示。

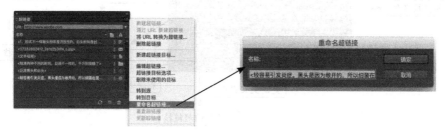

图 9-28

4．编辑或删除超链接目标

执行【超链接】调板快捷菜单中的【超链接目标选项】命令，在弹出的【超链接目标选项】对话框中单击【编辑】按钮即可编辑"目标"中选中的项目，如图9-29所示，单击【删除】按钮即可删除该目标，删除之后"目标"和"名称"处显示为其他的超链接项目，如图9-30所示。单击【删除未使用的超链接】按钮，可以删除页面中已经设置好，但未使用的超链接项目。

图 9-29

图 9-30

5．重置或更新超链接

重置超链接可以将【超链接】调板中建立的超链接应用到新的源中，选择一个没有设置超链接的对象作为新源，选择【超链接】调板中的某个超链接项目，执行调板快捷菜单中的

【重置超链接】命令，新源将应用该超链接，如图9-31所示。要将超链接更新到外部文档，可在【超链接】调板快捷菜单中执行【更新超链接】命令。

图 9-31

9.4　按钮和表单

在InDesign文档中创建了互动的按钮，该文档导出为 SWF 或 PDF 格式的文档，执行相应动作后，可以跳转到其他页面或打开网页。在InDesign中还可以设计交互式表单，如企业市场调查表、员工登记表等，在计算机或其他终端填写资料，然后提交并上传到指定地址。

9.4.1　创建按钮

选择一个框架对象，执行【窗口】>【交互】>【按钮】命令，在打开的【按钮和表单】调板中单击【转换为按钮】按钮，如图9-32所示。在【按钮】调板的【外观】选项组中出现按钮对象的缩略图，如图9-33所示。

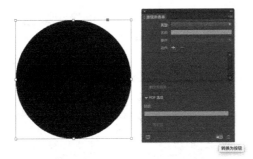

图 9-32

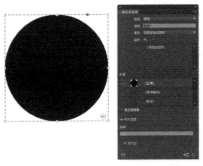

图 9-33

在【按钮和表单】调板中可以设置按钮名称，在【事件】下拉列表中设置鼠标操作状态，在【动作】中单击 按钮，在弹出的下拉菜单中选择一个动作，如【转到URL】，然后输入需要跳转的网址，如图9-34所示。单击【预览跨页】按钮 ，在【预览】调板中单击设置好的按钮可以观看预览效果，如图9-35所示。

图 9-34

图 9-35

9.4.2 添加系统按钮

【按钮和表单】调板有一些预先创建的按钮，可以将这些按钮拖曳到文档中，这些样本按钮包括渐变、羽化和投影等效果。【样本按钮和表单】调板是一个对象库，可以在该调板中添加按钮，也可以删除不用的按钮。【按钮和表单】调板快捷菜单中执行【样本按钮和表单】命令打开【样本按钮和表单】调板，将某个按钮从调板拖曳到文档页面中。使用【选择工具】选择该按钮，然后根据需要使用【按钮和表单】调板编辑该按钮，如图9-36所示。

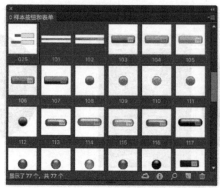

图 9-36

9.4.3　将按钮转换为对象

将互动的按钮转换为对象后，这些按钮的交互功能将自动删除。选中需要转换的按钮，单击【转换为对象】按钮即可完成转换，如图9-37所示。

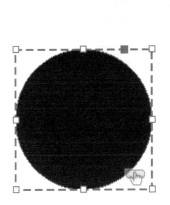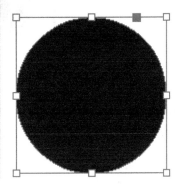

图 9-37

9.4.4　表单

InDesign的表单支持通用字段类型，如复选框、组合框、列表框、单选按钮、签名域和文本域，还可以添加操作，以便通过电子邮件提交表单或打印表单，如图9-38所示。其他设置与按钮一致。

可以将【文字工具】绘制的文本框设置为文本域，如图9-39所示。

图 9-38　　　　　　　　　　　　　　　　　　图 9-39

可以将【矩形工具】绘制的矩形设置为复选框，如图9-40所示。

图 9-40

将设置好的文本域和复选框移动到表格合适位置，如图9-41所示。导出为交互PDF后，可以看到该表单具有交互功能，如图9-42所示。

图 9-41

图 9-42

9.5　音频和视频

在InDesign文档中可以添加音频和视频文件，将文档导出为 Adobe PDF 或 SWF格式的文档时，这些添加的音频和视频都可以播放。

9.5.1　添加音频或视频文件

在InDesign文档中可以导入FLV、F4V、SWF、MP4 和 MP3 等格式的文件，执行【文件】>【置入】命令，在【置入】对话框中选中音频或视频文件，单击【打开】按钮，如图

9-43所示。在页面中单击要显示的位置，文件被置入页面中，如图9-44所示，使用【直接选择工具】可以调整显示大小，放置音频或视频文件时，框架中将显示一个媒体对象，此媒体对象链接到媒体文件。若文件的中心点显示在页面的外部，则不导出该文件。

图 9-43

图 9-44

9.5.2 【媒体】调板

使用【选择工具】选中音频或视频文件，执行【窗口】>【交互】>【媒体】命令，打开【媒体】调板，可以预览音频或视频文件并更改设置，如图9-45所示。

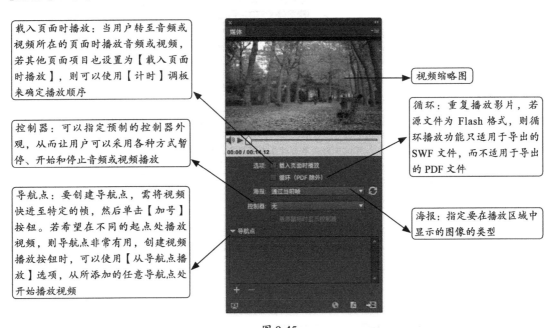

载入页面时播放：当用户转至音频或视频所在的页面时播放音频或视频，若其他页面项目也设置为【载入页面时播放】，则可以使用【计时】调板来确定播放顺序

控制器：可以指定预制的控制器外观，从而让用户可以采用各种方式暂停、开始和停止音频或视频播放

导航点：要创建导航点，需将视频快进至特定的帧，然后单击【加号】按钮。若希望在不同的起点处播放视频，则导航点非常有用，创建视频播放按钮时，可以使用【从导航点播放】选项，从所添加的任意导航点处开始播放视频

视频缩略图

循环：重复播放影片，若源文件为 Flash 格式，则循环播放功能只适用于导出的 SWF 文件，而不适用于导出的 PDF 文件

海报：指定要在播放区域中显示的图像的类型

图 9-45

9.6 动画

通过应用动画效果，使对象在导出的 SWF 文件中移动。使用【动画】调板可以应用移

动预设并编辑如"持续时间"和"速度"等的设置。使用【直接选择工具】和【钢笔工具】可以编辑动画对象经过的路径。【计时】调板可以确定页面上对象执行动画的顺序；【预览】调板可以在 InDesign 中查看动画。

9.6.1 【动画】调板

在 InDesign 文档中选择需要设置动画的对象，执行【窗口】>【交互】>【动画】命令，在【动画】调板中进行设置即可应用动画效果，如图9-46所示。

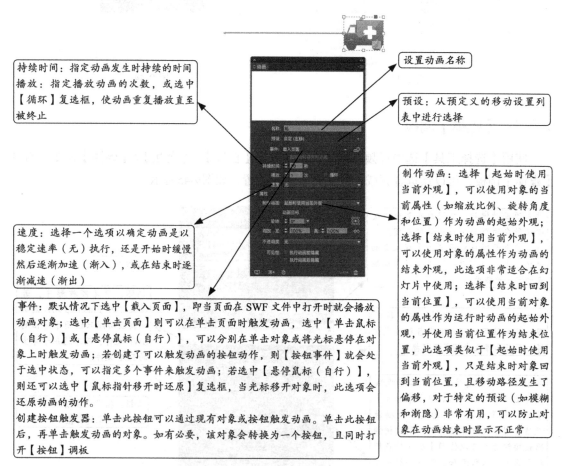

设置动画名称

持续时间：指定动画发生时持续的时间
播放：指定播放动画的次数，或选中【循环】复选框，使动画重复播放直至被终止

预设：从预定义的移动设置列表中进行选择

速度：选择一个选项以确定动画是以稳定速率（无）执行，还是开始时缓慢然后逐渐加速（渐入），或在结束时逐渐减速（渐出）

制作动画：选择【起始时使用当前外观】，可以使用对象的当前属性（如缩放比例、旋转角度和位置）作为动画的起始外观；选择【结束时使用当前外观】，可以使用对象的属性作为动画的结束外观，此选项非常适合在幻灯片中使用；选择【结束时回到当前位置】，可以使用当前对象的属性作为运行时动画的起始外观，并使用当前位置作为结束位置，此选项类似于【起始时使用当前外观】，只是结束时对象回到当前位置，且移动路径发生了偏移，对于特定的预设（如模糊和渐隐）非常有用，可以防止对象在动画结束时显示不正常

事件：默认情况下选中【载入页面】，即当页面在 SWF 文件中打开时就会播放动画对象；选中【单击页面】则可以在单击页面时触发动画，选中【单击鼠标（自行）】或【悬停鼠标（自行）】，可以分别在单击对象或将光标悬停在对象上时触发动画；若创建了可以触发动画的按钮动作，则【按钮事件】就会处于选中状态，可以指定多个事件来触发动画；若选中【悬停鼠标（自行）】，则还可以选中【鼠标指针移开时还原】复选框，当光标移开对象时，此选项会还原动画的动作。
创建按钮触发器：单击此按钮可以通过现有对象或按钮触发动画。单击此按钮后，再单击触发动画的对象。如有必要，该对象会转换为一个按钮，且同时打开【按钮】调板

图 9-46

9.6.2 使用【计时】调板更改动画顺序

使用【计时】调板可以更改动画对象播放的时间顺序，【计时】调板根据指定给每个动画的页面事件列出当前跨页上的动画。动画对象会按其创建的时间顺序列出，默认情况下，为"载入页面"事件列出的动画会连续地发生，为"单击页面"事件列出的动画会在每次单击页面时依次播放。动画顺序可以更改，既可以使对象同时播放，也可以延迟播放动画。

单击【动画】调板中按钮，在打开的【计时】调板【事件】下拉列表中选择一个选项，如图9-47所示。

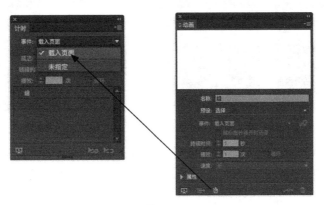

图 9-47

如果页面中有多个对象设置了动画效果，默认情况下，这些对象将按先后顺序排列在【计时】调板中，排在最上方的对象先执行动画，然后向下依次执行。若要更改动画顺序，可以上下拖曳列表中的项目，如图9-48所示。

要延迟动画，则选中该项目，然后指定延迟的秒数，如图9-49所示。

要一起播放多个动画对象，则在列表中选中这些项目，然后单击【一起播放】按钮 以链接这些项目，按住【Shift】键的同时单击可以选择多个相邻的项目，按【Command】（Ctrl）键的同时单击可以选择多个不相邻的项目，如图9-50所示。

如果不希望一个或多个链接的项目一起播放，可将其选中，然后单击【单独播放】按钮，如图9-51所示。

图 9-48

图 9-49

图 9-50

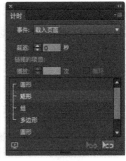
图 9-51

要播放特定次数的链接项目或循环进行播放，可先选中所有链接在一起的项目，然后指定动画播放次数，或选中【循环】复选框，如图9-52所示。

要更改触发动画的事件，可先选中该项目，然后在【计时】调板快捷菜单中选择【重新指定为"单击页面"】命令，然后在【事件】下拉列表中可以选择【载入页面】或【单击页面】选项，如图9-53所示。

图 9-52   图 9-53

要将某个项目从当前选定的事件中删除，可在【计时】调板快捷菜单中执行【删除项目】命令，若未对项目指定任何事件，则该项目会出现在【未指定】类别中，可在【事件】下拉列表中选择该类别，如图9-54所示。

图 9-54

9.6.3 移动路径

设置了某些动画特效的对象上会出现一条绿色的移动矢量路径，以显示该对象的移动路径，路径为箭头线段显示，原点是移动的起点，箭头为移动的终点，如图9-55所示。该路径可以使用【直接选择工具】和【钢笔工具】进行编辑，操作方法与路径一致，即使用【直接选择工具】选择起点，然后拖曳，可以看到路径发生变化，如图9-56所示。

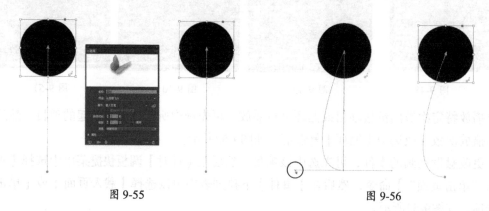

图 9-55   图 9-56

也可将选定的对象转换为移动路径。可以利用先选择一个对象和开放的路径，然后将该路径转换成移动路径的方式来创建动画。若选择的是两个闭合路径（如两个矩形），则上层的路径会成为移动路径。

首先使用【选择工具】选中要添加动画效果的对象和要作为移动路径的路径，一次只能转换两个选定的对象。在【动画】调板中，单击【转换为移动路径】按钮 ，如图9-57所示。最后可以更改【动画】调板中的设置以符合设计要求。

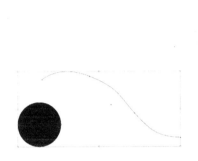
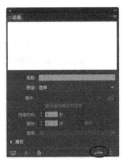

图 9-57

9.7 页面过渡效果

在 InDesign 中可设置文档的翻页效果，文档在输出之后，页面在翻动的时候可以产生多种过渡效果，如图9-58所示。

图 9-58

执行【窗口】>【交互】>【页面过渡效果】命令，在打开的【页面过渡效果】调板中设置参数，如图9-59所示。在【过渡效果】下拉列表中可以选择多种特效；【方向】可以选择

"水平"和"垂直";【速度】可以设置"慢速""中速""快速"等。

如果要清除已设置的页面过渡效果,可在【页面过渡效果】调板快捷菜单中选择【清除全部】命令,如图9-60所示。

图 9-59 图 9-60

9.8 自适应版面

设计制作的电子出版物通常会在多种平台、媒体中展示,如使用计算机、平板电脑、手机进行阅读,也可能会在同一个平台中以横版或竖版来展示,如图9-61所示。为了使出版物适应这些不同的平台,需要设置不同的版面大小,通过自适应版面功能,页面中所有的对象会根据版面的大小、方向自动进行调整,后期仅需要对页面中的对象进行微调即可,该功能可以节省大量重新编排版面的工作量。

图 9-61

9.8.1 页面工具

使用【页面工具】可以在同一文档中调整设置不同尺寸的页面,选择【页面工具】然后在页面中单击,页面的四周出现"页面手柄",如图9-62所示。拖曳手柄可预览页面的大小变化,松开鼠标左键页面恢复原样,如图9-63所示。

图 9-62

图 9-63

按住【Option】（Alt）键，使用【页面工具】拖曳手柄可以缩放该页面的尺寸，如图 9-64所示。按住【Shift+Option】（Shift+Alt）组合键，可以等比缩放页面的尺寸，如图9-65 所示。

图 9-64

图 9-65

使用【页面工具】激活页面后，选项栏变为页面工具选项栏，在【W】、【H】中设置页面的尺寸，可以精确设置页面尺寸，在【自适应排版规则】下拉列表中选择一种规则，如图9-66所示。

图 9-66

【自适应排版规则】包含【关】、【缩放】、【重新居中】、【基于对象】、【基于参考线】和【由主页控制】等规则，如图9-67所示。

图 9-67

（1）【关】表示不使用自适应排版规则。

（2）【由主页控制】是指页面中对象的重新编排由主页的大小控制。

（3）【缩放】是指将页面中的所有内容视为一个编组，当目标页面尺寸与源页面尺寸不同时，所有元素都按比例缩放。此规则适用于页面整体缩小或放大，如图9-68所示。

图 9-68

（4）【重新居中】是指源页面中所有对象的大小、位置保持不变，原页面在新页面中保持居中。此规则的缺点是，当目标页面的宽度和高度小于源页面时，对象可能会居于页面外，如图9-69所示。

图 9-69

（5）【基于对象】是指为每个对象指定其在新页面中的相对位置，并快速在新页面中调整对象。此规则适用于手机出版、移动媒体出版、传统印刷或网络再现。

选择此规则后，使用【页面工具】选中对象，对象的框架上出现"对象约束"图标，如图9-70所示，对象框架外的 ○ 为间距解锁图标，单击该图标将变为 ◆，表示锁定对象边框到页面边缘的距离，如图9-71所示；对象框架内的 ◆ 为锁定宽高的图标，单击后变为 ○，表示页面改变时宽高会随之改变；🔒 也是锁定宽高的图标，如图9-72所示。

图 9-70　　　　　　　　图 9-71　　　　　　　　图 9-72

（6）【基于参考线】是指为源页面设定自适应参考线，从而对原有版面内容进行快速重新布局。此规则可以有针对性地删除原有页面的内容。基于参考线的规则是通过在源页面上添加参考线，从而达到对页面中内容进行重新布局的目的。在InDesign中，通过【移动工具】或【页面工具】可以在页面中添加普通或自适应参考线，其中普通参考线可以转换为自适应参线，自适应参考线显示为虚线，而标尺参考线为实线。参考线的类型及其在页面中的位置，将影响自适应排版时页面内容在页面上的位置及大小变化。

使用【页面工具】在页面上拖曳得到自适应参考线，如图9-73所示。拖曳页面手柄，可以看到对象与参考线的位置是固定不变的，如图9-74所示。

图 9-73　　　　　　　　　　　　　　图 9-74

使用【页面工具】将光标移动到页面上，光标变为形状时拖曳鼠标，可以移动页面，当选中选项栏中的【对象随页面移动】复选框时，移动页面时对象也随之移动，如图9-75所示。取消选中【对象随页面移动】复选框时，移动页面时对象保持原位不动，如图9-76所示。

图 9-75

图 9-76

选中【显示主页叠加】复选框，原主页会显示在页面中；取消选中【显示主页叠加】复选框，原主页不会显示在页面中，如图9-77所示。

图 9-77

9.8.2 【自适应版面】调板

执行【窗口】>【交互】>【自适应版面】命令，打开的【自适应版面】调板，在【自适应页面规则】下拉列表中可以选择规则；【页面】显示的是当前激活的页面；选中【自动调整】复选框则可以自动调整对象与框架的关系；在【自适应页面规则】中选择【基于对象】后，对象约束被激活，其中的选项与对象的约束图标一一对应，如图9-78所示。

在【自适应版面】调板快捷菜单中选择【版面调整】命令，弹出【版面调整】对话框，在其中选中【启用版面调整】复选框，页面之前设置的自适应规则将不再启用，【自适应版面】调板中会出现图标⚠，要取消该设置，在图标⚠上单击即可，如图9-79所示。

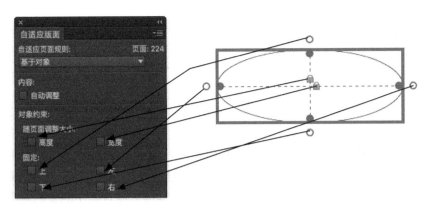

图 9-78

图 9-79

9.8.3 替代版面

使用替代版面可以在同一文档中直接设置不同的页面大小，原有的所有对象都被同步到新页面中，常用于Apple iPad或Android平板电脑等设备设计横排和竖排布局。替代版面与自适应版面结合使用，可以减少手动重排内容所需的工作量。

在【页面】调板快捷菜单中，选择【创建替代版面】命令，如图9-80所示。弹出【创建替代版面】对话框，进行相关设置后，单击【确定】按钮，得到竖版页面，如图9-81所示。

 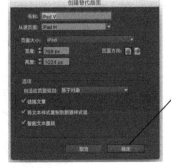 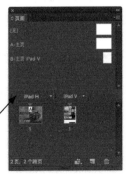

图 9-80   图 9-81

【创建替代版面】对话框中的参数如下所述。

【名称】：输入替代版面的名称。

【从源页面】：选择内容所在的源页面。

【页面大小】：为替代版面选择页面大小或输入自定大小。

【宽度】和【高度】：显示替代版面的大小。

【页面方向】：选择替代版面的方向。如果在纵向和横向之间切换，会更新高度和宽度。

【自适应页面规则】：选择要应用于替代版面的自适应页面规则。选择【保留现有内容】可继承应用于源页面的自适应页面规则；选择其他规则可应用新自适应页面规则。

【链接文章】：选中该复选框可置入对象，并将其链接到源页面中的原始对象。当更新原始对象时，可以更轻松地管理链接对象的更新。

【将文本样式复制到新建样式组】：选中该复选框可复制所有文本样式，并将其置入新组。

【智能文本重排】：选中该复选框可以删除文本中的任何强制换行符及其他样式优先选项。

单击【页面】调板中的▼图标也可创建替代版面，如图9-82所示。

图 9-82

单击【页面】调板中下方的【编辑页面大小】图标，可使用其他页面类型替换之前设置的页面，如图9-83所示。在【页面】调板中可以设置多个替代版面，如图9-84所示。

图 9-83 　　　　　　　　　　　　　　　　　图 9-84

9.9 综合案例——多媒体餐厅菜单

知识要点提示

♦ 添加影音媒体文件

♦ 【动画】、【超链接】、【按钮】调板的使用

♦ 素材：配套资源/第9章/综合案例

操作步骤

01 执行【文件】>【新建】>【文档】命令，弹出【新建文档】对话框，在【用途】中选择【数码发布】，设置【页数】为"5"，取消选中【对页】复选框，【起始页码】设置为"1"，【页面大小】为"iPhone"，【页面方向】为"纵向"，如图9-85所示。单击【边距和分栏】按钮，弹出【新建边距和分栏】对话框，保持默认选项，单击【确定】按钮，如图9-86所示。

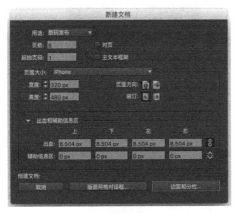

图 9-85

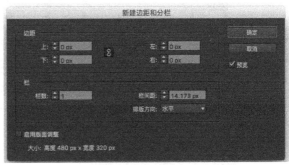

图 9-86

02 将"底图"素材复制到页面中，调整其大小和位置，输入文字，并设置文字属性，如图9-87所示。

03 使用【选择工具】选中下方的文字，在【动画】调板中设置【预设】为【放大2D】，【事件】为【载入页面】，如图9-88所示。

04 在【样本按钮和表单】调板中选择"114"号按钮，将其拖曳到页面中，调整其大小和位置，如图9-89所示。

05 输入文字，调整文字属性，并移动到合适位置，如图9-90所示。选中页面中的按钮，在【按钮和表单】调板中设置【事件】为【单击鼠标时】，添加【动作】为【转至下一页】，如图9-91所示。

图 9-87

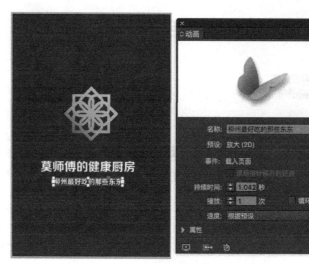

图 9-88

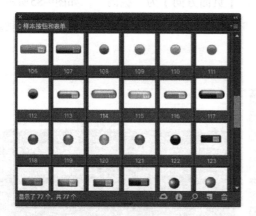

图 9-89

图 9-90

图 9-91

06 切换到页面2，将图像和文字置入页面中，调整图文的大小和位置，将第一页中的按钮原位粘贴到页面中，如图9-92所示。

07 切换到页面3，将视频文件与其他图文一起置入页面中，调整其大小和位置，如图9-93所示。同样方式完成其他页面的排版。

图 9-92

图 9-93

08 在【页面】调板中创建替代版面，如图9-94所示，在弹出的【创建替代版面】对话框中进行相应设置，如图9-95所示。

图 9-94

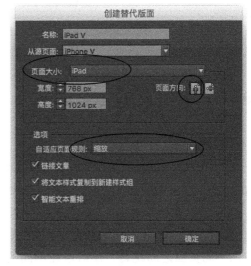

图 9-95

09 切换到"iPad V"第一页，如图9-96所示，可以看到页面漏出白边，适当放大底图将白边填满，如图9-97和图9-98所示。

图 9-96	图 9-97	图 9-98

10 同样方法调整其他页面，如图9-99所示。设计完成。

图 9-99

9.10 本章习题

选择题

（1）可使用网页浏览器、平板电脑、手机来阅读文档，并且在这些文档终端可以应用在InDesign中设置的交互式功能，其中不包括（　　）。

　　A. 动画　　　　　B. 按钮　　　　　C. 超链接　　　　　D. 标签

（2）超链接也可以实现（　　）功能，比书签更强大之处是，超链接不仅可以在本文档内的不同页面之间跳转，还可以在不同的文档之间跳转，并且还可以跳转到互联网的网页中。

　　A. 跳转　　　　　B. 标记　　　　　C. 同步　　　　　D. 添加

第10章

打印与输出

本章主要介绍InDesign打印与输出的操作。InDesign在打印和输出之前，都要进行详细的参数设置。只有正确设置相关参数，才能保证InDesign正常打印和输出。

10.1 文档的预检和打包

10.1.1 文档的预检

打印文档或将文档提交给服务提供商前，可以对此文档进行品质检查。预检是此过程的行业术语。有些问题会使文档的打印或输出无法获得满意的效果。在编辑文档时，如果遇到这些问题，【印前检查】调板会发出警告信息。这些问题包括文件或字体缺失、图像分辨率低、文本溢流等。

1. 【印前检查】调板

在【印前检查】调板中配置印前检查参数，定义要检测的问题。这些印前检查参数存储在印前检查配置文件中，以便重复使用。还可以创建自己的印前检查配置文件，也可以从打印机或其他来源导入。要利用实时印前检查，需在文档创建的早期阶段创建或指定一个印前检查配置文件。若打开了印前检查配置文件，则 InDesign 检测到其中任何问题时，都将在状态栏中显示一个红圈图标，此时可以打开【印前检查】调板并查看【信息】区域，获得有关如何解决问题的建议。若没有检测到任何错误，"印前检查"图标显示为绿色。

执行【窗口】>【输出】>【印前检查】命令，打开【印前检查】调板。图10-1所示为自定义印前检查配置文件对文档检查后【印前检查】调板的效果。

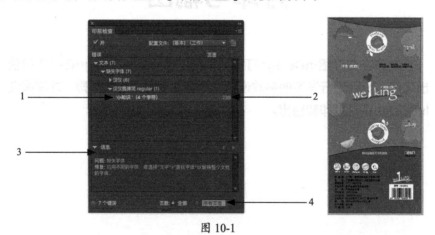

图 10-1

在【印前检查】调板中，1表示选定的错误；2表示单击页码可查看的页面项目；3表示【信息】区域提供了有关如何解决问题的建议；4表示指定页面范围以限制错误检查。

默认情况下，对新文档和转换文档应用【基本】配置文件。此配置文件将标记缺失的链接、修改的链接、溢流文本和缺失的字体。

> **注意**
>
> 不能编辑或删除【基本】配置文件，但可以创建和使用多个配置文件。例如，可以切换不同的配置文件，处理不同的文档；使用不同的打印服务提供商；在不同生产阶段中使用同一个文件。

2. 定义印前检查配置文件

在【印前检查】调板快捷菜单或文档窗口底部状态栏的【印前检查】菜单中，执行【定义配置文件】命令，如图10-2所示。

图 10-2

弹出【印前检查配置文件】对话框，单击【新建印前检查配置文件】按钮 ，然后为配置文件指定名称，如图10-3所示。

图 10-3

在每个类别中，指定印前检查参数设置。列表框中的选中标记表示包括所有设置。空列表框表示未包括任何设置。印前检查包括的类别如下。

链接：确定缺失的链接和修改的链接是否显示为错误。

颜色：确定需要何种透明混合空间，是否允许使用CMYK印版、色彩空间、叠印等。

图像和对象：指定图像分辨率、透明度、描边宽度等。

文本：显示缺失字体、溢流文本等错误。

文档：指定对页面大小和方向、页数、空白页面及出血和辅助信息区设置的要求。

设置完毕后，单击【存储】按钮，保留对一个配置文件的更改，再处理另一个配置文件；或单击【确定】按钮，关闭对话框并存储所有更改。

3. 删除配置文件

要删除配置文件，可以从【印前检查】调板快捷菜单中执行【定义配置文件】命令，弹出【印前检查配置文件】对话框，选择要删除的配置文件，然后单击【删除印前检查配置文件】按钮 ，如图10-4所示。弹出提示对话框，如图10-5所示，单击【确定】按钮，即可删除配置文件。

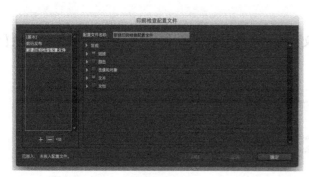

图 10-4

图 10-5

4. 查看和解决印前检查错误

错误列表中只列出了有错误的类别。单击每一项旁边的箭头可将其展开或折叠。查看错误列表时，需注意以下问题。

（1）在某些情况下，由于色板、段落样式等设计元素造成问题，此时不会将设计元素本身报告为错误，而是将应用该设计元素的所有页面项列在错误列表中。在此种情况下，务必解决设计元素的问题。

（2）不会列出溢流文本、隐藏条件或附注中出现的错误。修订中仍然存在的已删除文本也将被忽略。

（3）若未曾应用某个主页，或当前范围的页面未应用此主页，则不会列出该主页上有问题的项目。如果某个主页项目存在错误，那么即使此错误重复出现在应用该主页的每个页面上，【印前检查】调板也只列出一次该错误。

（4）对于非打印页面项、粘贴板上的页面项、隐藏或非打印图层中出现的错误，只有当【印前检查选项】对话框中指定了相应的选项时，它们才会显示在错误列表中。

（5）如果只需输出某些页面，可以将印前检查限制在这些页面范围内。可在【印前检查】调板底部指定页面范围。

5. 设置印前检查选项

在【印前检查】调板快捷菜单中执行【印前检查选项】命令，弹出【印前检查选项】对话框，如图10-6所示。

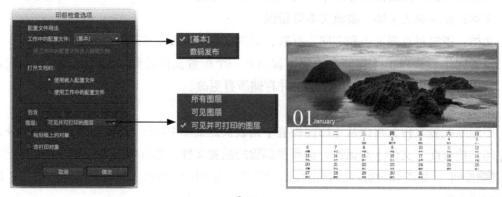

图 10-6

工作配置中的文件：选择用于新文档的默认配置文件。如果要将工作配置文件嵌入新文档中，就选中【将工作中的配置文件嵌入新建文档】复选框。

使用嵌入配置文件/使用工作中的配置文件：打开文档时，确定印前检查操作是使用该文档中的嵌入配置文件，还是使用指定的工作配置文件。

图层：指定印前检查操作是包括所有图层上的项、可见图层上的项，还是可见且可打印图层上的项。例如，如果某个项位于隐藏图层上，可以阻止报告有关该项的错误。

非打印对象：选中此复选框后，将对【属性】调板中标记为非打印的对象报错，或对应用了隐藏主页项目的页面上的主页对象报错。

粘贴板上的对象：选中此复选框后，将对粘贴板上的置入对象报错。

10.1.2　文件打包

通过InDesign打包功能可以收集使用过的文件（包括字体和链接图形），这样当再次打开文档时，不会出现字体和图像的缺失，便于后续工作。打包文件时，可创建包含 InDesign 文档（或书籍文件中的文档）、任何必要的字体、链接的图形、文本文件和自定报告的文件夹。此报告（存储为文本文件）包括【打印说明】对话框中的信息，打印文档需要的所有使用的字体、链接和油墨的列表及打印设置。

执行【文件】>【打包】命令，弹出【打包】对话框，如图10-7所示，警告图标⚠表示有问题的区域。如果通知有问题，可单击【取消】按钮，然后使用【印前检查】调板解决有问题的区域。若文档没有问题，则开始打包。

单击【打包】按钮，如果文档尚未存储，将弹出提示对话框，如图10-8所示，单击【存储】按钮，存储文档。

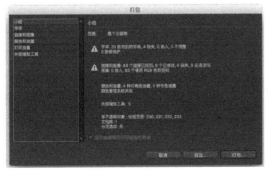

图 10-7

图 10-8

存储文档后，弹出【打印说明】对话框，根据需要填写打印说明。输入的文件名是附带所有其他打包文件的报告的名称，如图10-9所示。

单击【继续】按钮可继续打包，弹出【继续打包文件夹】对话框，如图10-10所示，指定打包文件的存储位置后，单击【打包】按钮，文件将进行打包。

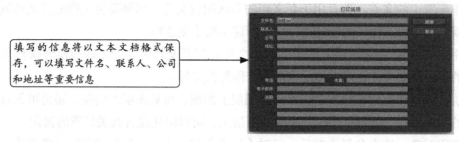

填写的信息将以文本文档格式保存，可以填写文件名、联系人、公司和地址等重要信息

图 10-9

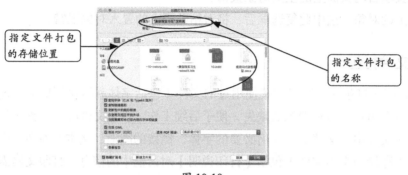

指定文件打包的存储位置

指定文件打包的名称

图 10-10

复制字体：复制所有必需的字体文件，而不是整个字体系列。

复制链接图形：将链接的图形文件复制到打包文件夹位置。

更新包中的图形链接：将图形链接更改到打包文件夹位置。

仅使用文档连字例外项：选中此复选框后，InDesign 将标记此文档，这样当其他用户在具有其他连字和词典设置的计算机上打开或编辑此文档时，不会发生重排现象。建议在将文件发送给服务提供商时选中此复选框。

包括隐藏和非打印内容的字体和链接：打包位于隐藏图层、隐藏条件和打印图层选项已关闭的图层上的对象。如果未选中此复选框，包中仅包含创建此包时文档中可见且可打印的内容。

查看报告：打包后，立即在文本编辑器中打开打印说明报告。要在完成打包过程前编辑打印说明，需单击【说明】按钮。

10.2 打印设置

在文档创建完成后，最终需要进行输出，了解与掌握基本的打印知识将会使打印过程更加顺利进行，并且有助于确保文档的最终效果与预期效果一致。

在文档中，执行【文件】>【打印】命令，弹出【打印】对话框，在该对话框中可以设置打印参数，如图10-11所示。

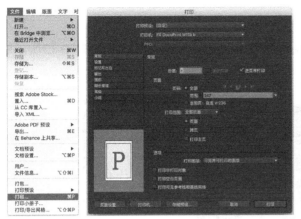

图 10-11

10.2.1 常规设置

在【打印】对话框中，单击左侧列表框中的【常规】选项，将显示如图10-12所示的【常规】界面。在【常规】中可以设置打印的份数、页面、顺序等，与普通打印机的操作基本相同。

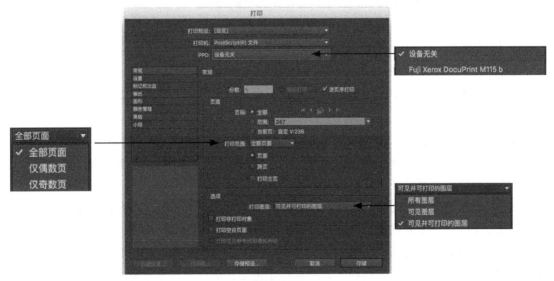

图 10-12

在【份数】文本框中输入需要打印的份数，选中【逐份打印】复选框，将逐份打印内容。若选中【逆页序打印】复选框，将从后向前打印文档。

在【页面】选项组中，选择【全部】单选按钮，将打印全部页面；选择【范围】单选按钮，则打印【范围】中设置的页面；在【打印范围】下拉列表中，可以选择要打印的范围为全部页面、偶数页面和奇数页面；选择【跨页】单选按钮，将打印跨页，否则将打印单个页面；若选中【打印主页】复选框，将只打印主页，否则将打印全部页面。

10.2.2 页面设置

在【打印】对话框中，选择左侧列表框中的【设置】选项，将显示如图10-13所示的【设置】界面。

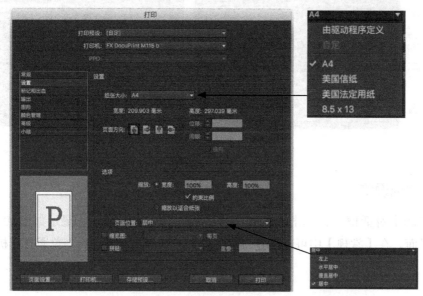

图 10-13

1. 纸张大小

在【纸张大小】下拉列表中，选择一种纸张大小，如A4。

在【页面方向】选项中，可选择对应按钮，设置页面方向为纵向、反向纵向、横排或反向横排。

2. 选项

在【选项】选项组中的【缩放】选项中，可以设置缩放的宽度与高度的比例，若选择【缩放以适合纸张】单选按钮，将缩放图形以适合纸张大小。

在【页面位置】下拉列表中，可以设置打印位置为左上、居中、水平居中或垂直居中。

若选中【缩略图】复选框，可以在页面中打印多页，如1×2、2×2、4×4等。

若选中【拼贴】复选框，可将超大尺寸的文档分成一个或多个可用页面大小对应进行拼贴，在其右侧下拉列表中，若选择【自动拼贴】选项，可以设置重叠宽度；若选择【手动拼贴】选项，可以手动组合拼贴。

10.2.3 标记和出血设置

打印文档时，需要添加一些标记以帮助在生成样稿时确定在何处裁切纸张及套准分色片，或测量胶片以得到正确的校准数据及网点密度等。

在【打印】对话框中，选择左侧列表框中的【标记和出血】选项，将显示如图10-14所示的【标记和出血】界面。

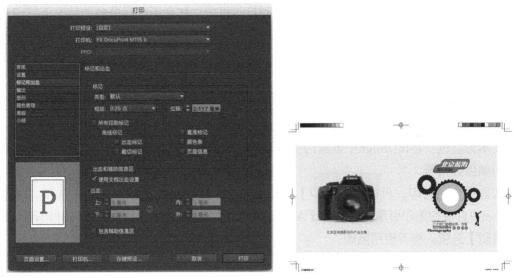

图 10-14

1. 标记

在【标记】选项组的【类型】下拉列表中，可以选择类型为【默认】或【日式标记】的标记。若选择【默认】标记，可以在【粗细】下拉列表中选择标记宽度；在【位移】下拉列表中选择标记距页面边缘的宽度。若选中【所有印刷标记】复选框，将打印所有标记，否则可以选择要打印的标记，如出血标记、裁切标记、套准标记、颜色条或页面信息。

2. 出血和辅助信息区

在【出血和辅助信息区】选项组中，若选中【使用文档出血设置】复选框，将使用文档中的出血设置，否则可在【上】、【下】、【内】或【外】数值框中设置出血参数。

若要打印对页的双面文档，可在【上】、【下】、【内】或【外】数值框中设置出血参数。若选中【包含辅助信息区】复选框，可以打印在【文档设置】对话框中定义辅助信息区域。

10.2.4 输出设置

输出设置可以确定如何将文档中的复合颜色发送到打印机中。启用颜色管理时，颜色设置默认值将使输出颜色得到校准。在颜色转换中的专色信息将保留；只有印刷色将根据指定的颜色空间转换为等效值。复合模式仅影响使用InDesign创建的对象和栅格化图像，而不影响置入的图形，除非它们与透明对象重叠。

在【打印】对话框中，选择左侧列表框中的【输出】选项，将显示如图10-15所示的【输出】界面。

在【颜色】下拉列表中的各选项含义如下。

复合保持不变：将指定页面的全彩色版本发送到打印机中，选择该选项，禁用模拟叠印。

复合灰度：将灰度版本的指定页面发送到打印机中，如在不进行分色的情况下打印到单色打印机中。

复合RGB：将彩色版本的指定页面发送到打印机中，如在不进行分色的情况下打印到RGB彩色打印机中。

复合CMYK：将彩色版本的指定页面发送到打印机中，如在不进行分色的情况下打印到CMYK彩色打印机中，该选项只用于PostScript打印机。

文本为黑色：将InDesign中创建的文本全部打印成黑色，文本颜色为"无"、纸色或与白色的颜色值相等。

若选择分色打印，可以在【陷印】下拉列表中，选择【应用程序内建】选项，将使用InDesign中自带的陷印引擎；若选择【Adobe In-RIP】选项，将使用Adobe In-RIP陷印；若选择【关闭】选项，将不使用陷印。

若选中【负片】复选框，可直接打印负片。

在【翻转】下拉列表中，可以翻转要打印的页面，如水平、垂直或水平与垂直翻转。

在【加网】下拉列表中，选择一种加网方式。

在【油墨】列表框中可以选择一种油墨，并设置该油墨的网屏与密布。

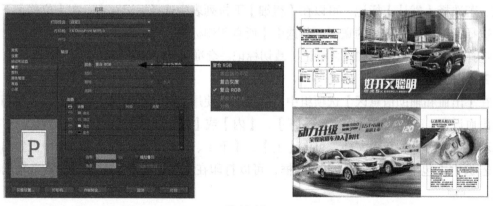

图 10-15

10.3　创建PDF文件

在InDesign中完成设计后，需导出Adobe PDF文件，以便于后期输出或印刷，如图10-16所示。

Adobe PDF 是对使用的电子文档和表单进行安全可靠的分发和交换的标准。Adobe PDF 文件小而完整，任何使用免费 Adobe Reader软件的人都可以对其进行共享、查看和打印操作。

Adobe PDF 在印刷出版工作流程中非常高效。通过将复合图稿存储在 Adobe PDF 中，可以创建一个能够查看、编辑、组织和校样的文件。Adobe PDF 也可以用于后处理任务，如准备检查、陷印、拼版和分色等。

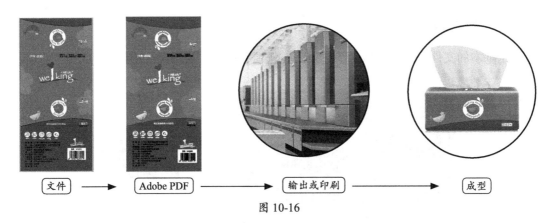

图 10-16

在InDesign中执行【文件】>【导出】命令，在弹出的【导出】对话框中选择文件要存储的路径，在【格式】中选择【Adobe PDF（打印）】，如图10-17所示。单击【保存】按钮，弹出【导出 Adobe PDF】对话框，如图10-18所示。

Adobe PDF预设：在【Adobe PDF预设】下拉列表中的选项分别是MAGAZINE Ad 2006（Japan）、PDF/X-1a：2001（Japan）、PDF/X-1a：2001、PDF/X-3：2002（Japan）、PDF/X-3：2002、PDF/X-4：2008（Japan）、高质量打印、印刷质量和最小文件大小。选择其中一个选项，其他设置会发生相应的改变，来统一文件的质量及大小。

兼容性：创建PDF文件时，需要决定要使用的PDF版本。在【兼容性】下拉列表中选择版本。Acrobat 8/9（PDF 1.7）为最新版本，它包括所有最新的功能。如果创建广泛发布的文档，需选择Acrobat 6（PDF 1.5）或Acrobat 5（PDF 1.4），以确保更多用户可以查看和打印文档。如果要将PDF文件提交给印前服务提供商，选择Acrobat 4（PDF 1.3）或与印前服务提供商进行协商。

标准：PDF/X 是图形内容交换的ISO标准，它可以消除导致出现打印问题的很多颜色、字体和陷印变量。InDesign CS5支持PDF/X-1a：2001和PDF/X-1a：2003（对于CMYK工作流程），以及PDF/X-3：2002、PDF/X-3：2003和PDF/X-4：2008（对于颜色管理工作流程）。

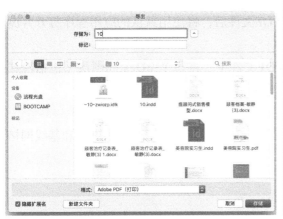

图 10-17

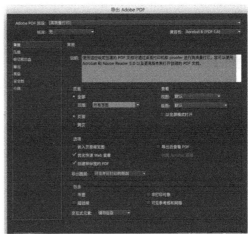

图 10-18

10.3.1 常规设置

指定基本的文件选项，包括说明、页面、选项和包含，如图10-19所示。

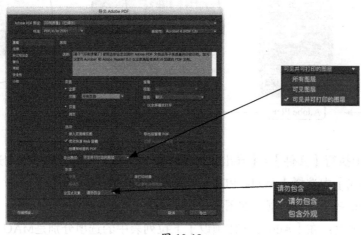

图 10-19

1. 页面

在【页面】选项组中，若选择【全部】单选按钮，将导出全部页面；若选择【范围】单选按钮，在其右侧的文本框中设置要导出的页面。若选择【跨页】单选按钮，将导出跨页，否则将导出单个页面。

2. 选项

在【选项】选项组中，包含以下几个选项。

嵌入式页面缩览图：选中此复选框，可以为导出的PDF文件创建缩略图预览，但添加缩略图将增加PDF文件大小。

优化快速Web查看：选中此复选框，可以减小PDF文件的大小，并优化PDF文件。

创建带标签的PDF：选中此复选框，在生成PDF文件时，可在文章中自动标记元素，包括段落识别、基本文本格式、列表和表格。导出PDF文件前，可以在文档中插入并调整这些标签。

导出后查看PDF：选中此复选框，导出PDF文件后，将使用默认的应用程序打开并浏览新建的PDF文件。

创建Acrobat图层：选中此复选框，在PDF文件中，将每个InDesign图层（包括隐藏图层）存储为Acrobat图层。

3. 包含

在【包含】选项组中，可以在PDF文件中包含书签、超链接、可见参考线和基线网格、非打印对象及交互式元素。

10.3.2 压缩设置

当将文档导出为PDF文件时，可以压缩文本和线状图，并对位图图像进行压缩和缩减像素采样，如图10-20所示。根据选择【Adobe PDF预设】的选项，压缩和缩减像素采样可以明显减小PDF文件的大小，而不会影响细节和精度。

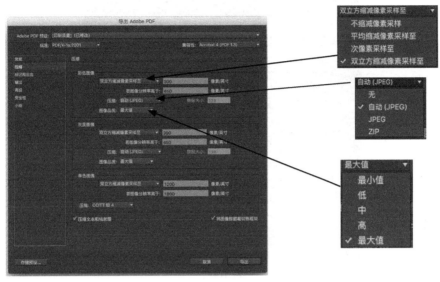

图 10-20

【彩色图像】、【灰度图像】或【单色图像】选项组中的选项内容基本相同，如下所述。

（1）在【插值方法】下拉列表中，若选择【不缩减像素采样】选项，将不缩减像素采样；若选择【平均缩减像素采样至】选项，将计算样例区域中的像素平均数，并使用平均分辨率的平均像素颜色替换整个区域；若选择【次像素采样至】选项，将选择样本区域中心的像素，并使用该像素颜色替换整个区域；若选择【双立方缩减像素采样至】选项，将使用加权平均数确定像素颜色，双立方缩减像素采样时最慢，但它是最精确的方法，并可产生最平滑的色调渐变。

（2）在【压缩】下拉列表中，若选择【JPEG】选项，将适合灰度图像或彩色图像，JPEG压缩为有损压缩，这表示将删除图像数据并可能降低图像品质，但压缩文件比ZIP压缩获得的文件小得多；若选择【ZIP】选项，适用于具有单一颜色或重复图案的图像，ZIP压缩是无损压缩还是有损压缩取决于图像品质设置；若选择【自动（JPEG）】选项，只适用于单色位图图像，以对多数单色图像生成更好的压缩。

若选中【压缩文本和线状图】复选框，将纯平压缩（类似于图像的ZIP压缩）应用到文档中的所有文本和线状图，并不损失细节或品质。

若选中【将图像数据裁切到框架】复选框，将导出位于框架可视区域中的图像数据，可能会缩小文件的大小。

10.3.3 标记和出血设置

出血是图像位于打印定界框外的或位于裁切标记和裁切标记外的部分。标记是向文件添加各种印刷标记，包括出血标记、裁切标记、套准标记、颜色条和页面信息，如图10-21所示。

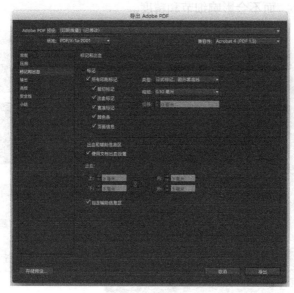

图 10-21

10.3.4 输出设置

在【输出】界面中可以根据颜色管理的开关状态、是否使用颜色配置文件为文档添加标签及选择的PDF标准，如图10-22所示。

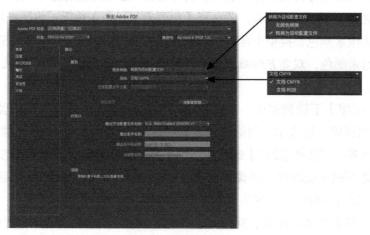

图 10-22

10.3.5 安全性设置

当导出为Adobe PDF文件时，添加口令保护和安全性限制，可以限制打开此文件，而且可以限制复制或提取内容、打印文档及执行其他操作，如图10-23所示。

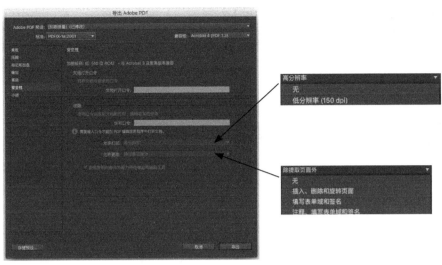

图 10-23

　　若选中【打开文档所要求的口令】复选框，可进一步在【文档打开口令】文本框中设置保护PDF文件打开的口令。

　　若选中【使用口令来限制文档的打印、编辑和其他任务】复选框，可进一步在【许可口令】文本框中设置保护打印、编辑和其他任务PDF文件的口令。

　　在【允许打印】下拉列表中，若选择【无】选项，将禁止用户打印文档；若选择【低分辨率（150dpi）】选项，可以使用不高于150dpi的分辨率打印；若选择【高分辨率】选项，能以任何分辨率进行打印，将高品质的矢量输出到PostScript打印机，并支持高品质的其他打印机。

　　在【允许更改】下拉列表中，若选择【无】选项，将禁止对文档进行任何更改，包括填写签名和表单域；若选择【插入、删除和旋转页面】选项，将允许插入、删除或旋转页面，并创建书签和缩略图；若选择【填写表单域和签名】选项，将允许填写表单域并添加数字签名，但该选项不允许添加注释或创建表单域；若选择【页面版面、填写表单域和签名】选项，将允许插入、旋转或删除页面并创建书签或缩略图像、填写表单域并添加数字签名，该选项不允许创建表单域；若选择【除提取页面外】选项，将允许标记文档、创建并填写表单域、添加注释与数字签名。

　　若选中【启用复制内容】复选框，将允许从PDF文件复制并提取内容。

　　若选中【为视力不佳者启用辅助工具】复选框，将方便视力不佳者访问内容。

10.3.6　导出SWF文件

　　SWF（Flash）文件格式是一种基于矢量的图形文件格式，它用于适合 Web 的可缩放小尺寸图形。将 InDesign 文档导出为 SWF 文件之后，此 SWF 文件可在 Flash Player 中播放。

　　在InDesign中导出 SWF，先执行【文件】>【导出】命令，弹出【导出】对话框，在该对话框中指定位置和文件名。在【格式】中选择【Flash Play（SWF）】，如图10-24所示。

然后单击【存储】按钮，弹出【导出 SWF】对话框，如图10-25所示，可以指定以下选项，然后单击【确定】按钮。

图 10-24 图 10-25

大小（像素）：指定 SWF 文件是根据百分比进行缩放，适合指定的显示器大小，还是根据指定的宽度和高度调整大小。

导出：表示是包括文档中的所有页面，还是指定页面范围（如 1-7，9，表示打印页面1-7 及页面 9）。

跨页：如果选择此选项，每个跨页将被视为 SWF 文件中的单个剪辑，无论每个跨页中有多少个页面。如果没有选择此选项，每个页面将会变为一个单独剪辑，类似于幻灯片放映中单独的幻灯片。

栅格化页面：可将所有 InDesign 页面项目转换为位图。选中此复选框将会生成一个较大的 SWF 文件，并且放大页面项目的时候可能出现锯齿现象。

生成HTML文件：选中此复选框将生成回放 SWF 文件的 HTML 页面。对于在 Web 浏览器中快速预览 SWF 文件，此选项尤为有用。

导出后查看SWF：选中此复选框将在默认 Web 浏览器中回放 SWF 文件。只有生成HTML 文件才可使用此选项。

文本：指定 InDesign 文本的输出方式。选择【Flash传统文本】以输出可生成最小文件大小的可搜索文本；选择【转换为轮廓】可将文本输出为一系列平滑直线，类似于将文本转换为轮廓；选择【转换为像素】可将文本输出为位图图像，放大时，栅格化文本可能出现锯齿现象。

交互：指定导出的 SWF 文件中包含的选项，如按钮、超链接、页面过渡效果和交互卷边。如果选中【包含交互卷边】复选框，播放 SWF 文件时可以拖曳页面一角来翻转页面，从而展现翻阅真书页面的效果。

压缩：如果选择【自动】，可让 InDesign 确定彩色图像和灰度图像的最佳质量。对于大多数文件，此选项可以产生令人满意的结果。对于灰度图像或彩色图像，可以选择【JPEG（有损式压缩）】。JPEG 压缩是有损压缩，这意味着它会移去图像数据并可能会降低图像品质，但是它会尝试在最大程度减少信息损失的情况下缩小文件大小。因为 JPEG 压缩会删除数据，所以这种方式可以大大缩小文件的大小。选择**PNG（无损式压缩）**将会在无损耗压缩的情况下导出 JPEG 文件。

JPEG品质：指定导出图像中的细节量。品质越高，图像越大。对于**【压缩】**，若选择**【PNG（无损式压缩）】**，则此选项将呈灰显状态。

曲线品质：指定贝塞尔曲线的精确度。较小的数字将减小导出文件的大小，并略微损失曲线品质。较高的数字将增加贝塞尔曲线重现的精度，但会产生稍大的文件。

设置完这些选项后，单击**【确定】**按钮，文件自动导出SWF文件，此时将自动打开Microsoft Internet Explorer窗口进行预览，如图10-26所示。在指定存储的文件夹中可以找到导出的SWF文件，如图10-27所示。

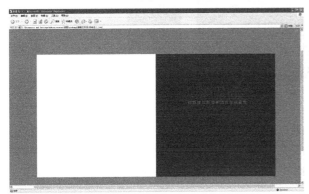
图 10-26

图 10-27

10.3.7 导出交互PDF文件

可以将排版设计好的文档导出为交互PDF文件（如电子书），以便在计算机或平板电脑等多媒体设备上阅读，交互PDF文件可以展示文件中的视频和交互对象。

首先执行**【文件】>【导出】**命令。弹出**【导出】**对话框，在对话框中指定位置和文件名。在**【格式】**中选择**【Adobe PDF（交互）】**，如图10-28所示。

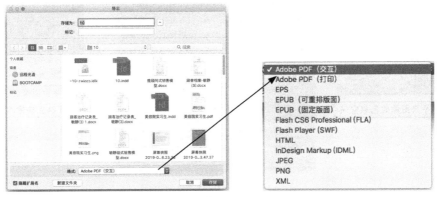
图 10-28

单击【存储】按钮，弹出【导出至交互式PDF】对话框，如图10-29所示，单击【确定】按钮。

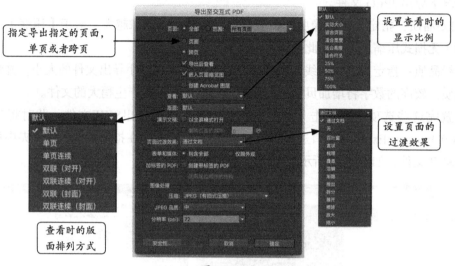

图 10-29

10.3.8 导出PNG文件

可以导出PNG文件，PNG是一种图像格式，广泛应用于网络浏览和传播领域，导出时可以设置页面透明背景。

在【格式】中选择【PNG】后，对话框如图10-30所示。

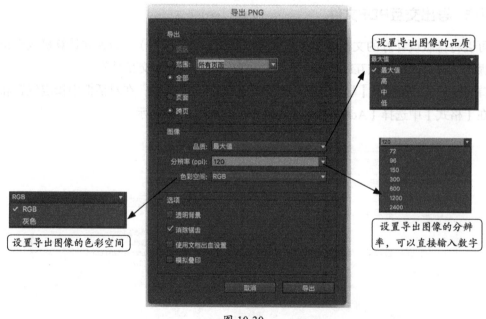

图 10-30

10.4 综合案例——导出文件

排版设计完成后，在InDesign中可以导出3种文件格式，以方便印刷、查看和传播。

知识要点提示

- ⬥ PDF文件导出的应用
- ⬥ 素材：配套资源/第10章/综合案例

操作步骤

01 执行【文件】>【打开】命令，弹出【打开文件】对话框，选择文档，将其打开，如图10-31所示。

图 10-31

02 执行【文件】>【导出】命令，弹出【导出】对话框，设置【格式】为【Adobe PDF（打印）】，如图10-32所示。单击【存储】按钮，弹出【导出 Adobe PDF】对话框，如图10-33所示。

图 10-32

图 10-33

03 在【常规】设置界面中的【Adobe PDF预设】下拉列表中选择【印刷质量】，在【标准】下拉列表中选择【PDF/X-1a：2001】，在【页面】选项组中选择【跨页】单选按钮，其他保持默认设置，如图10-34所示。

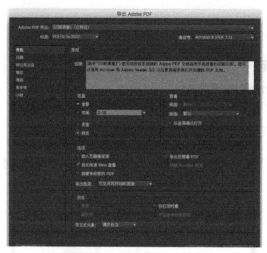

图 10-34

04 选择左侧列表框中的【压缩】选项，可以看到图像的像素比较高，【图像品质】是【最大值】，如图10-35所示。

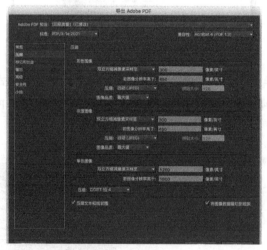

图 10-35

05 选择左侧列表框中的【标记和出血】选项，在【标记】选项组中选中【所有印刷标记】复选框，然后在【出血和辅助信息区】选项组中选中【使用文档出血设置】复选框，如图10-36所示。

06 单击【导出】按钮，完成导出印刷质量PDF文件的操作。可以在保存的路径中打开PDF文件，如图10-37所示。

图 10-36

图 10-37

07 继续执行【文件】>【导出】命令，弹出【导出】对话框，在【导出】对话框中设置文件名，设置【格式】为【Adobe PDF（交互）】，如图10-38所示。单击【存储】按钮，弹出【导出至交互式PDF】对话框，如图10-39所示设置参数即可。

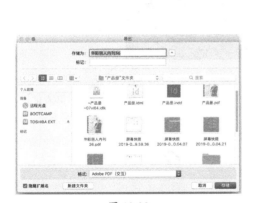

图 10-38

图 10-39

08 此时可能会弹出【警告】对话框，单击【确定】按钮，如图10-40所示，出现【生成PDF】对话框，并显示当前导出的进度，如图10-41所示。导出后，可以在指定的文件夹中找到该文档。

图 10-40

图 10-41

注意

导出的印刷PDF文档中包含着印刷专用信息，其内容如图10-42所示。

图 10-42

10.5　本章习题

选择题

（1）在准备打印文档时，需要添加（　　　）以帮助在生成样稿时确定在何处裁切纸张及套准分色片，或测量胶片以得到正确的校准数据及网点密度等。

    A. 标记　　　　　　　B. 空白页　　　　　　C. 线　　　　　　　　D. 文本

（2）标记是指向文件添加各种印刷标记，不包括（　　　）。

    A. 出血标记　　　　　B. 套准标记　　　　　C. 页面信息　　　　　D. 颜色标记